中國農諺

費潔心 著

民國滬上初版書·復制版

中國農諺

費潔心 著

上海三聯書店

图书在版编目(CIP)数据

中国农谚 / 费洁心编. ——上海：上海三联书店，2014.3
(民国沪上初版书·复制版)
ISBN 978-7-5426-4567-8
Ⅰ.①中… Ⅱ.①费… Ⅲ.①农谚—汇编—中国 Ⅳ.①S165
中国版本图书馆 CIP 数据核字(2014)第 029532 号

中国农谚

编　　者 / 费洁心
责任编辑 / 陈启甸 王倩怡
封面设计 / 清风
策　　划 / 赵炬
执　　行 / 取映文化
加工整理 / 嘎拉 江岩 牵牛 莉娜
监　　制 / 吴昊
责任校对 / 笑然

出版发行 / 上海三联书店
(201199)中国上海市闵行区都市路 4855 号 2 座 10 楼
网　　址 / http://www.sjpc1932.com
邮购电话 / 021-24175971
印刷装订 / 常熟市人民印刷厂

版　　次 / 2014 年 3 月第 1 版
印　　次 / 2014 年 3 月第 1 次印刷
开　　本 / 650×900　1/16
字　　数 / 220 千字
印　　张 / 18.6
书　　号 / ISBN 978-7-5426-4567-8/S·1
定　　价 / 95.00 元

民国沪上初版书·复制版

出版人的话

如今的沪上，也只有上海三联书店还会使人联想起民国时期的沪上出版。因为那时活跃在沪上的新知书店、生活书店和读书出版社，以至后来结合成为的三联书店，始终是中国进步出版的代表。我们有责任将那时沪上的出版做些梳理，使曾经推动和影响了那个时代中国文化的书籍拂尘再现。出版“民国沪上初版书·复制版”，便是其中的实践。

民国的“初版书”或称“初版本”，体现了民国时期中国新文化的兴起与前行的创作倾向，表现了出版者选题的与时俱进。

民国的某一时段出现了春秋战国以后的又一次百家争鸣的盛况，这使得社会的各种思想、思潮、主义、主张、学科、学术等等得以充分地著书立说并传播。那时的许多初版书是中国现代学科和学术的开山之作，乃至今天仍是中国学科和学术发展的基本命题。重温那一时期的初版书，对应现时相关的研究与探讨，真是会有许多联想和启示。再现初版书的意义在于温故而知新。

初版之后的重版、再版、修订版等等，尽管会使作品的内容及形式趋于完善，但却不是原创的初始形态，再受到社会变动施加的某些影响，多少会有别于最初的表达。这也是选定初版书的原因。

民国版的图书大多为纸皮书，精装(洋装)书不多，而且初版的印量不大，一般在两三千册之间，加之那时印制技术和纸张条件的局限，几十年过来，得以留存下来的有不少成为了善本甚或孤本，能保存完好无损的就更稀缺了。因而在编制这套书时，只能依据辗转找到的初版书复制，尽可能保持初版时的面貌。对于原书的破损和字迹不清之处，尽可能加以技术修复，使之达到不影响阅读的效果。还需说明的是，复制出版的效果，必然会受所用底本的情形所限，不易达到现今书籍制作的某些水准。

民国时期初版的各种图书大约十余万种，并且以沪上最为集中。文化的创作与出版是一个不断筛选、淘汰、积累的过程，我们将尽力使那时初版的精品佳作得以重现。

我们将严格依照《著作权法》的规则，妥善处理出版的相关事务。

感谢上海图书馆和版本收藏者提供了珍贵的版本文献，使“民国沪上初版书·复制版”得以与公众见面。

相信民国初版书的复制出版，不仅可以满足社会阅读与研究的需要，还可以使民国初版书的内容与形态得以更持久地留存。

2014 年 1 月 1 日

費潔心著

中國農諺

中華民國二十六年九月印行

朱渭深序

經驗的可貴，就在牠是『事實證明』的篩子下挑剔而保存的珍異。牠所流的空間愈廣，傳的時間愈久，便像寶玉一樣愈是瑩潔完美了。

農諺是田舍間人們經驗的結晶，牠雖不是科學的產物，而有科學家推理考驗尚未得，却被牠輕輕的三言兩句的韻語道着了的所在。牠雖有格於時代、潮流、區域、氣候、人情、風俗、習慣……的不同，而發生實效上的差別，反足以因了歧異的比較，得到探求種種轉移和遞變的線索。

費潔心先生這一部洋洋大觀的農諺的蒐輯，是這些可貴的結晶的薈萃，無疑爲農學與民學的大好參考資料的貢獻！

朱渭深一九三六，九，三〇。

趙景深序

費潔心先生編有『中國農諺』一書，約十萬言，八千餘句，內容依照筆畫次序，分編爲時令、氣象、作物、飼養、箴言五大部，可說是洋洋大觀，集中國農諺的大成了。編者要我寫幾句話，我是外行，實在無話可說，但知我國的老百姓，憑了一向的經驗，所唱的農諺，頗有準確的；惟他們大都無知，不知科學的方法，因此對於農業不能作更進一步的探討和改良。這書在中國農業發達史方面固然是重要的參考材料，同時農諺中所說，也希望現代的新農學家一一加以證明和修正，說不定裏面也有一點寶貝，沙裏揀金，總能揀出一點來吧？像中醫一樣，我國的當歸，被德國人取去，除掉雜質，改名 Eumenol，賣給我們中國，不是被稱爲『婦科良藥』了麼？這一堆爛古董是急須整理的。費先生算是做了這工作的第一步，對於農學，實有甚大的貢獻。

其次，諺語也是民俗學的一部門，我們看待農諺，須與歌謠相等，從這裏可以看出農民種種的習俗和迷信，正是民俗學者的好資料。

趙景深 一九三六，七，二九.

鍾敬文序

中國工業和商業底產生和發展，決不是很落後的事。從先秦時代古典的（Classical）著作中，我們已可以看到那些奇工大賈底存在。隨着時間和社會底進程，在秦漢以來的歷史中，它自然要更為擴大和展開，有一二外國的社會史學者，說中國到元朝時候，都市文化（工商業底文化）已達到極高度。因為它被某些條件所阻過了，結果才遠落在今日歐美都市文化之後。這種說法，容許有些過分，但是，中國境內底工商業文化，到近代有着相當程度的進展，這是不容抹煞的事實。我們很有理由地這樣說，數千年來中國工業和商業底發展史，實是世界文化史上很重要的一章。

但是，中國畢竟是一個「農業的」國家！

中國底農業，究竟起源於什麼時候呢？這除了那古史上底傳說的記錄之外，還沒較可靠的考古學資料底證明。但是，在殷墟出土的甲骨文獻中，已說明了農業在那時代不是一種很輕微的生產事業了。至於秦漢以來，農業長久地占據着國民生產底主要地位，這是任何古代文書都能給以證明的事實了。是的，數十年來，因為西歐國際商業底侵蝕，我們底農業漸次地衰敗了，而在今日，更是達到了難以延續的階段。「中國農村破產了，」這一句時人底流行語，決不能僅看做修辭上底誇飾的。但是，究竟農業仍然爲現在中國大部分國民底生活所維繫、所寄託。我們到處看見的，還多是栽豆種麥的田園，到處遇到的還多是持鋤使犁的農夫。因爲上面所說的事實，中國底歷史便形成了一個强烈的特徵，就是在一切文化的領域上，都深染着「農業的」色彩。無論在政制上、法律上、宗教上、倫理上、藝術上、風習上，沒有不是和農業有關係的。現在，固有的農業，是日在衰落了，但是過去千數百年來所造成的「文化的傳統」，卻仍然在大部分國民底生活上保存着——固然那是已臨到黃昏的時期了。

民間文藝，是民衆底產物。中國底最大部分的民衆是農民，因此多數的民間文藝，也就是農民底產品。它們卽使不是直接地關於農事的，也大抵是農民心理和農民文化底忠實的反映。農諺，不消說，是這一類產品中底一種。

正像神話、民間故事和歌謠等普泛地存在於世界各民族一樣，諺語也差不多可說是人類共通的東西。野蠻的部落裏缺少不了它，文明國底民衆中，同樣存在着這種簡短的「語言藝術。」

有人說：「諺語是智慧的產物。」別的人說：「它是經驗的產物。」兩者都是對的吧。在許多諺語中，有的確是經驗底老實的記敍，但是，有的卻更輝煌地映射着智慧之光——它是一種深刻的或聰明的思考底表現。

諺語，它和神話、民間故事等有不同的地方，因爲它很少用得着那虛誇的幻想。它也和山歌俚謠有差別的地方因爲它節省着較多的情緒和詞藻。諺語，它有着眞實的內容，它也有那精練的技巧。在一切民間文藝中，它是一種獨特的存在物。

一切的文化，是社會生活底產物，同時也是促進或調整生活的工具。一般的民間文藝——特別是文藝中底諺語，自然也是這樣。它由於人們生活上所得的經驗或思考而產生了，流布了。結果，它必然在那社會裏發生一種作用。假如它是關於行爲的，它多少地要給那社會的成員們以倫理的敎導。假如它是關於智識的，它也自然要在那同社會的人們中添益了一些有用的認識。此外，像關於技術、信仰等的，也莫不一樣。總之，諺語，是人羣底行爲的和智慧的敎條——一種簡練扼要的敎條。

農諺，本來只是諺語中底一種。但是在農業的中國社會中，它卻占着很大的數量和主要的位置。如果從中國一般的諺語中，把農諺部分抽開去，那就不免顯出貧弱可憐了。農諺，它是數千年來中國大部分純良的老百姓們，對於自身生活所得的經驗、思考底結晶，同時又是長遠地親切地敎導他們生活的南針。誠然那些簡短的語言藝術，中間有的是傳達着荒唐的智識或倫理的，而那種語言底形式，也多過於簡樸或甚至於拙劣。但這是我們從今日的文化水準所發出的批評，不能算是對於歷史事物最公允的評價。要之，我以爲農諺是中國民間文藝中乃至於一般文化中很豐穰而且堅美的一種果實。

蒐集農諺的工作，雖然前代就已有人著手，但畢竟是頗稀見的。近年來因爲學術空氣底轉換，從事這方面工作的人，纔漸漸多起來了。這是一種値得慶賀的現象。

這部農諺，是湖州費潔心先生所纂輯的。從它底數量和分類等看來，無疑是費了不少心思的作業。這種學術上搬運木石的工作，有些人要給以過小的評價也未可知。但那是錯誤的。具有賢明思慮的人，他決不至做出那樣鹵莽的評斷。近代學問的方法，貴在能從很豐富的資料中，去探取正確的原理、法則。那種由學者閉目幻想，或依據一二資料而作全般的演繹的勾當，是早已過時的了。因此，一種學問底建設，——特別是基礎還沒有穩固的學問底建設，大抵必須有許多人不憚煩地去做蒐資料的工作（自然有些學問底資料是要靠那研究家自己去動手的），不然的話，那種學問底屋子就不容易讓建造家們——研究家們——堅固地建築起來了。民間文藝、諺語學等學，都還是在「吃奶期間」的學問，它需要豐富而又豐富的資料，來做促成它底長大的營養品。費先生這個勤勞的作業，是不能讓我們不尊重的。費先生底蒐集工作，除了這本農諺之外，還有已出版了的一冊民間隱語（卽歇後語），那也是一種可貴的民間語言藝術資料底提供。

鍾敬文　二五、九、一五、

談農諺（代自序）

民間作品，向被一般士大夫所鄙棄，視爲『不足道也』的舊貨。但也有許多學者，從這些舊貨堆裏，發見了許多寶貝。希臘荷馬的史詩，阿拉伯人的天方夜譚，中國孔老夫子的詩經，這都是民間搜來的資料，舊貨堆裏的寶貝呢。現在像英、美、德、奧、瑞士、意大利等國，都有民情學會的設立；中國如北平大學的歌謠研究會、風謠學會，廣州中山大學的民俗學會，都是采訪民間作品的組織。可見古今中外，已有許多學者，對於這一類的舊貨，是非常重視的了。

農諺是一種流行民間最廣的諺語，它是農民經驗的結晶，——邵仲香先生稱它爲農民界的內行話——農民立身處世，耕種飼養，都用來作標準的。所以它在民間作品中，要算最有價值的一種。編者曾作一度的研究，略抒愚見於後：

（一）農諺是富有文學意味的

吾國是『以農立國』的國家，而農民占了全社會的百分之八十以上，他的地位，可以代表全社會。因此，要采訪民間的作品，就不能不走入農村裏去。在農村裏流行最普遍的，自然要推農諺。農諺所能夠深入農民的心坎，實由於文學意味的濃厚。

胡行之先生在中國文學史講話裏有一段話說『民衆文學作者，是全民衆，不是哪一個人。民衆文學底讀者也是全民衆，不是少數的士子階級。它的材料，是屬於宇宙的人生的，社會的；它的作者是農夫、漁翁、賣唱者……都是作品一出，萬人傳誦，同時萬人都有修正權，而且萬人都是愛護者。』農諺雖屬片段的材料，但也不能脫出這個定則而自會成立。我們試讀全部的農諺，覺得它的語句的組織，都很自然，其中音律也很諧和，眞是農村的天籟。形式方面的描寫，也很多動人美感。單就氣象部『天』字項中，可以找出許多實例來。

天際灰布懸，雨絲定連綿。

天起麒麟殼，有雨勿多落。

天空鯉魚斑，勿晴眞古怪。

以『灰布』『麒麟殼』『鯉魚斑』形容空中的雲色，以『絲』形容那時候的雨，描摹逼眞；而且『懸』和『綿』，『殼』和『落』，『斑』和『怪』，都合韻律。

天要落雨起橫雲，娘要嫁人起橫心。

天無雲，不下雨；地無媒，不成婚。

天變落雨人變死。

以上三句：以情喻景，以景喻人，淺出深入，恰到好處；其一語雙關處，又很多意味。

天河南北，餓得只哭；天河東西，白米餵雞。

天旱結棗子，兒子打老子。

天氣正要熱，農夫做脫力。

『餓得只哭』即言饑荒；『白米餵雞』即言豐收。此種舉事暗示的筆法，可以給人猛省。年歲豐歉苦樂的情景已很顯然，立言不多，寓意卻很深的了。第二句以『天旱結棗子』比『兒子打老子』也富有想像。第三句意謂天氣愈熱，農人愈忙，僅僅十個字，已把農民辛苦盡情描出。

這種富有文學意味的語句，在這些農諺裏是舉不勝舉的。卡特氏(Charters)謂『文學最特異之點，即是遵循「美感律」(Law of Beauty)，蓋文學者除智識與理想外，又加上一層美感也。』而農諺確具有智識和理想的條件外，又有美感的了。其他類似五言七言的絕句，長長短短的雜歌，都富有文學意味的創作，這裏不再引述了。總之田夫野叟，雖然不如士子階級的滿腹經綸，但於天然的環境裏，不知不覺地流露了許多文學。這些自然流露的文學，是最純眞樸實的。穆爾登(Moulton)稱它爲『口頭文學』(Oral Literature)。田漢說：『我們要知文學的以何種動機產生，當以口頭文學爲研究對象。』那麼農諺的研究，自然不可例外。

(二)農諺是有教育意義的

陶知行先生說『眞知識的根是安在經驗裏的，從經驗裏發芽抽條開花結果的是眞知灼見。』農諺是出於田夫野叟的經驗，累代鄉賢遺留的陳跡，測占風雲雷雨，旱潦豐歉，無不應驗。代代相傳，形成爲鄉農立身處世耕牧墾植的準繩。這不是一般人向壁虛構的幻想，全憑日常的體驗與觀察，才發見天地間這許多不變的定則。這種知識是自然的，是經驗的，而且實用的，正似陶先生所說的『眞知灼見，』値得可貴的。在我們教育的立場上言：教育就是一種接受經驗改造經驗的工具。克伯屈(W. H. Kilpatrick)說：『敎育是經驗之指導，使改良品格而產生更豐富有益的經驗。』杜威(Dewey)也說：『敎育是改造人之經驗，使經驗增加意義及其指導後繼經驗的能力。』農諺是具有這種能力。中國數千年來，因農民識字知書的不多，農事著作的稀少，他們只知農諺是一種切合需要的知識，所以父詔其子，兄詔其弟，一切稼穡之事，都取法於農諺的。於是農諺便成爲農家唯一的課本。農人雖然一字不識，却能唸之成誦，脫口而出。

近幾年來，一般敎育家以爲在這國民愛國意識薄弱的非常時期，培養青年兒童(或是民衆)愛鄉愛國自衞自強的精神，急不待緩。以是實施鄉土敎育，認爲非常重要。而鄉土敎材的蒐集和硏究，就成爲敎育界的中心問題。而農家經驗結晶的農諺，自然也被重視，列爲鄉土敎材中最適合實用的一種了。關於時令、氣象、作物、飼養等農諺，可作自然研究的敎材；箴言一部，可作社會科敎材，這在乎敎育者因地制宜，相機采用了。

(三)農諺是合於學理的

中國農民，自古就不注重讀書，到了現在，也是如此。所以統計中國不識字的人數，大約農民要占百分之八十以上。升官發財的，大都是士子階級所獨享，所以農民在昔是被列在『士』的階級之下。然而農民也不以爲恥，他們覺得自身的事業比任何事業反更可貴。且看下面的幾則農諺，便可明白。

讀爲家傳，耕爲上策。

農夫不種田，城裏斷火煙。

農夫不使勁，餓死世間人。

衙門錢，一蓬烟；生意錢，六十年；種田錢，萬萬年。

就是從前有許多自擬淸高的士子，也以『歸農』爲貴，最著名的要推晉時的陶淵明了。

農民既不讀書識字，那麼當然不懂得什麼高深的學理。可是他們的農諺，却有許多是合於學理的，這是什麼道理呢？因爲他們的知識，全憑直觀與直覺幾經證驗而得。『知其然，不知其所以然』，正是農民的寫照。編者試舉下列的農諺，用學理來解釋它。

雪兆豐年。

雪厚兆豐年。

雪花六出，先兆豐年。

雪花大，熟棉花。

雪是麥子的被子。

麥蓋三雙被，頭枕饅饃睡。

臘月三白定豐年。

臘月有三白，豬狗也喫麥。

臘前三白，大宜菜麥。

雪對於農作物，何以有這麼多益？因爲雪含有溶解的無水碳酸、氨等氣體，溶後滲入土壤，不但可以滋潤泥土，而且可以肥育田禾，正是田家的天然肥料。又因雪近地面之處，發生低溫之後，使潛伏在地下的害蟲及其卵子頃刻凍死，這雪又善於滅除蟲害了。雪是許多細微固體集合而成，含着空氣極多，所以不容易傳熱。牠下在地面上，常常可以保持零度時的溫度。同時使地面的熱，有了阻揣，不至散失。冬天氣候雖冷，那些雪掩蓋在植物身上，好像覆上一張被，使牠們不致凍壞。雪既有了這幾點的功用，那麼對於植物自然有了許多益處。以下雪的多少來預測來年收穫的豐歉，自然脗合正確，與理無背的了。

不多幾年前，竺可楨先生曾把氣象的一部分農諺，用科學註釋。後來因事中輟，未能續成，深爲可惜！今年八月間，曾致函編者說：『南京北極閣氣象研究所同事朱炳海君，於此（農諺）已有數年之研究，頗著成績』云云，可知研究農諺的人確是不少，到了今日，已成爲科學家有興趣的研究資料了。

（四）農事學者應研究農諺

中國農業的衰落，推究其原因，實由於農民缺少科學知識，不研究，不改進所致。一般有志改進農業的人士，往往忘記國情，只知仿照外洋的情形，把販來的知識，生硬巴巴地灌入農民的頭腦裏去，累得農民頭昏顚倒，不知所止。一經失敗，農民從此不敢信任，這樣的求改進，不是『戛戛乎其難哉』麼？

農諺是農民經驗的結晶，他們以爲立身立業的準繩的。那麼我們有志改進農業的人，應該研究農諺，藉以孰諳鄉村的風俗習慣和農民的心理，用來啓示農民的知識，則不但投其所好，並且適合地方實情因勢利導効果必大了。

（五）民俗學者也應注重農諺

我們要知道農村社會的組織，風俗習慣，經濟，衛生狀況，以及農民的宗敎信仰，倫理思想等等，都必須從采訪民間的作品入手。胡愈之先生還要說得擴大，他說：『你要研究民族生活民族心理的，研究人類學社會學或比較宗敎學的，都不可不拿民間作品作研究的資料。』這採訪與研究的工作，就是民俗學者的工作。農諺的價値既似上述，它在民間作品中自然要算得最重要的一部分。研究民俗學的，當然更應該注重這一部分的工作。作者覺得無論其爲歌謠，爲傳說，爲寓言神話，它無非給人們的一種欣賞和想像的資料，智慧的倫理的啓發作用而已，決不若農諺具此而外，尙有科學應用的功能，這一點在民俗學上的貢獻，確是偉大可貴的！

編者費了數年的工夫，在舊貨堆裏揀出了這一部分——關於農諺——的東西，編成『中國農諺』一書，其動機也就在此。

費潔心。二十五年十月，杭州旅次。

例言

1. 本書農諺六千餘則，分編爲『時令』『氣象』『作物』『飼養』『箴言』五大部。凡關於月令、年歲、四時、節氣者，均納入於『時令之部』；風、雲、雷、電、霧、露、霜、雪、雨、雹、霞、虹、日、月、星、河、潮水、氣候等等，皆屬於『氣象之部』；米、麥、豆、蔬、高粱、瓜、果、棉、桑、林木等，皆屬於『作物之部』；家畜、家禽、飼蠶、養魚等等，則屬於『飼養之部』；道德、信仰、風俗、習慣、衛生、經濟等項，皆屬於『箴言之部』。

2. 本書各部皆以每則農諺之首字筆畫多少依次編排，便於檢査。

3. 本書材料除由編者銳意徵求廣事采訪外，兼多錄取各地書籍、雜誌、報章等刊物，故其產生地域廣大，蒐求亦甚普遍。

4. 農諺中常有意旨相同而字句稍異者，殆經傳述者有意無意的加以改變所致；亦有因地域不同，語句意旨適相反者，本書則兼收並錄，以期普及。即學者用以考證，亦得便利。

5. 『箴言』一部，取材異極廣泛，惟本書取其有關農事箴規之材料，此外都已删除，以就範圍。

6. 各語中所言年月日時，皆係舊曆。本書末頁，特附錄『二十四節氣陰陽曆對照表，』俾便查考。

7. 本書材料雖稱豐富，但遺漏者亦必不少，尚希愛好諸君廣爲蒐集，投賜編者，俾陸續補充，以達其全，幸甚幸甚！

8. 農諺大抵採自鄉村，由農民口頭述說而後記錄之，其中傳述或有錯誤，希諸君指正！

字	部	頁
勿	箴	227
少	箴	227
孔	箴	227
反	箴	228
心	箴	228
五畫		
字	部	頁
正	時	33
	箴	230
立	時	36
冬	時	43
	作	177
四	時	48
	氣	126
	飼	211
白	時	50
	氣	126
	飼	211
	箴	230
未	時	52
	氣	124
	箴	230
末	時	53
去	時	53
打	時	53
	氣	126
	作	176
	箴	229
甲	時	53
	氣	125
丙	時	53
	氣	125
出	時	53
	作	177
	箴	229
北	氣	124
	作	177
戊	氣	125
卯	氣	126
半	氣	126
	箴	229
石	氣	126
	作	177
且	氣	126
田	氣	126
	作	176
	箴	228
禾	作	176
仙	作	176
瓜	作	177
	箴	229
生	作	177
	箴	229
只	氣	126
	作	177
	箴	229
甘	作	177
巧	作	177
平	作	177
包	作	177
布	作	177
	箴	230
汁	作	177
母	飼	211
外	箴	229
巧	箴	230
六畫		
字	部	頁
年	時	53
	箴	232
伏	時	54
有	時	55
	氣	130
	作	178
	飼	211
	箴	231
早	時	55
	氣	126
	作	177
	飼	212
	箴	230
吃	時	56
	作	179
	箴	230
至	時	56
交	時	56
	氣	132
	箴	233
先	時	56
	氣	131
	箴	233
收	時	56
	作	178
	箴	233
好	時	57
	氣	131
	作	179
	飼	211
	箴	231
多	時	57
	氣	131
	箴	232
百	時	57
	氣	131
	飼	212
行	時	57
羊	時	75
	氣	131
	作	179
	飼	211
	箴	233
仲	時	57
西	氣	130
	箴	233
江	氣	131
	箴	233
冰	氣	131
	作	179
	箴	233
汎	氣	131
在	氣	131
	箴	233
曲	氣	132
老	氣	132
	飼	211
	箴	233
地	作	179
	箴	232
圩	作	179
存	作	179
向	作	179
死	作	179
	飼	212
	箴	233
污	作	179
共	飼	212
成	箴	233
仰	箴	233
各	箴	233
自	箴	233

法	簸	236
抬	簸	236
典	簸	236
房	簸	236
放	簸	237
九	畫	
字	部	頁
春	時	65
	簸	237
秋	時	73
重	時	77
	氣	145
風	時	77
	氣	143
	作	183
	簸	238
前	時	78
	氣	145
	作	183
	飼	213
	簸	238
若	時	78
	氣	145
	作	183
	飼	214
	簸	237
食	時	78
	氣	146
要	時	78
	氣	145
	作	183
	簸	237
屋	氣	141
虹	氣	142
紅	氣	142
南	氣	144
缸	氣	145
孤	氣	145
亮	氣	145
穿	氣	145
眉	氣	146
疥	氣	146
柳	作	182
苗	作	183
茄	作	183
柿	作	183
柑	作	183
苦	作	183
持	作	183
胎	作	184
封	作	184
香	作	184
砒	作	184
咬	飼	214
	簸	238
耐	飼	214
扁	飼	214
	簸	238
城	簸	237
看	簸	238
砍	簸	238
斫	簸	238
待	簸	238
姨	簸	238
挑	簸	238
柔	簸	238
十	畫	
字	部	頁
夏	時	78
	簸	240
時	時	84
	氣	147
朔	時	85
除	時	85
	簸	241
高	時	85
	氣	147
	作	186
	簸	239
凍	時	85
	簸	241
捕	時	85
	作	187
剛	時	85
菱	時	85
	作	187
送	時	85
個	時	85
爷	時	86
烏	氣	146
	作	187
海	氣	147
	作	187
迷	氣	147
晏	氣	147
蚊	氣	147
	作	187
閃	氣	147
烈	氣	147
病	氣	147
倘	氣	147
烟	氣	147
格	氣	148
逆	氣	148
草	氣	148
	作	187
	飼	214
起	氣	148
	簸	240
蚤	氣	148
耕	氣	148
	作	187
	飼	214
	簸	239
桂	氣	148
桃	作	184
桑	作	185
	簸	241
栽	作	185
秧	作	186
	簸	240
秫	作	186
桐	作	186
栢	作	186
家	作	186
	飼	214
	簸	238
荒	作	186
	簸	239
根	作	187
倉	作	187
浸	作	187
泰	作	187
	簸	240
莊	作	187
柴	作	187
	簸	240
莜	作	187
缺	作	187
鬼	作	187

字	部	頁
牆	作	206
	箴	251
嶺	作	206
藹	作	206
鮮	作	206
鴿	飼	217
駿	飼	217
蟋	箴	251
十八畫		
字	部	頁
朦	時	101
霧	氣	165
斷	氣	165
豐	氣	166
	箴	252
雙	氣	166
	箴	252
甕	氣	166
蟲	氣	166
騎	氣	166
	箴	252
礎	氣	166
鵝	氣	166
糧	作	206
歸	作	206
雜	作	206
薺	作	206
	飼	218

字	部	頁
雞	箴	252
鯉	飼	218
十九畫		
字	部	頁
臘	時	102
邋	時	102
關	氣	166
犢	氣	166
鵲	氣	166
蟻	氣	166
獺	氣	166
蟾	氣	166
[illegible]	氣	166
識	氣	167
藤	作	207
藕	作	207
邊	飼	219
懶	飼	219
	箴	252
離	箴	252
二十畫		
字	部	頁
蘆	氣	167
	作	207
蠓	氣	167
鯽	氣	167
鑪	氣	167
蘋	作	207

字	部	頁
蘇	作	207
	箴	252
鐸	作	207
觸	箴	252
勸	箴	252
二十一畫		
字	部	頁
露	氣	167
鷄	氣	167
癩	氣	167
爛	作	207
蘭	作	207
櫻	作	207
屬	作	207
二十二畫		
字	部	頁
鶴	氣	167
讀	箴	252
二十三畫		
字	部	頁
驚	時	103
曬	時	103
	氣	167
	箴	252
蘿	作	207
	箴	253
二十四畫		
字	部	頁

字	部	頁
驟	氣	168
鼈	氣	168
[illegible]	氣	168
鷗	氣	168
蠶	作	208
	飼	219
二十五畫		
字	部	頁
鬭	氣	168
籬	箴	253
灣	箴	253
鑼	箴	253
二十六畫		
字	部	頁
觀	氣	168
驢	飼	219
二十七畫		
字	部	頁
鑽	作	208
二十九畫		
字	部	頁
鸛	氣	168

中國農諺目錄

中國農諺

第一編 時令之部

（一畫）

一年兩頭春，餓死經紀人。

一年兩頭春，不發也發昏。

一年兩頭春，黃豆貴似金。

一年兩頭春，豆子黃似金。

一年兩頭春，帶角的貴似金。

一年打兩春，黃牛貴似金。

一年三百六十天，單忌清明與十三。（忌搬石頭）

一年三百六十天，單記清明與十三。

一年三百六十日，但看十一月二十七，細雨米貴，大雨麥貴。

一年三百六十日，單看十一月二十七，風打秤，雨打斗。

一年三百六十日，單看五月二十三，關爺洗刀雨淋淋。

一年四季東風雨，惟有東風夏日晴。

一冬無雪麥不結。

一冬無雪天藏玉，三春有雨地生金。

一夜春霜三日雨，三夜春霜九日晴。

一場春風，一場秋雨。

一場秋風一場雨，一場寒露一場霜。

一場秋雨一場寒，十場秋雨好穿棉。

一場秋雨一場寒，十場秋雨不穿單。

一場秋雨一場寒，三場秋雨趕棉衫。

一場秋雨一場風。

一場秋雨一場涼，一場白露一場霜。

一場白露一場霜。

一百五日寒食雨，二十四番花信風。

一九至二九，扇子不離手；三九二十七，冰水甜如蜜；四九三十六，拭汗如出浴；五九四十五，頭戴秋葉舞；六九五十四，乘涼入佛寺；七九六十三，床頭尋被單；八九七十二，思量蓋夾被；九九八十一，家家打炭墼。（從夏至後九天起計算）

一九至二九，扇子拿在手；三九二十七，吃茶如蜜汁；四九三十六，汗出如洗浴；五九四十五，樹頭秋葉舞；六九五十四，乘涼不入寺；七九六十三，夜眠尋被單；八九七十二，被單添夾被；九九八十一，階前鳴蟋蟀。

一九至二九，扇子不離手；三九二十七，冰水甜如蜜；四九三十六，拭汗如出浴；五九四十五，樹頭秋葉舞；六九五十四，乘涼不入寺；七九六十三，上床尋被單；八九七十二，被單換夾被；九九八十一，家家打炭墼。

一九至二九，扇子不離手；三九中心辣，河內凍死鴨；四九三十六，拭汗似出浴；五九四十五，樹頭秋葉舞；六九五十四，乘涼不入寺；七九六十三，窮漢兩艱難；八九七十二，六畜尋陰地；九九八十一，家中造飯田中吃。

一九至二九，相逢不出手；二九至四九，沿路插楊柳；四九中心臘，河裏凍死鴨；五九四十五，窮漢街頭舞；六九五十四，楊柳青滋滋；七九六十三，行人把衣擔；八九七十二，行人帶扇子；九九八十一，農人不得歇。（從冬至後九天起計算）

一九至二九，相喚不出手；三九二十七，籬頭吹篳篥；四九三十六，夜眠如露宿；五九四十五，太陽開門戶；六九五十四，樹頭青漬漬；七九六十三，布被兩頭攤；八九七十二，猫狗尋陰地；九九八十一，犂耙一齊出。

一九至二九，相喚弗出手；三九二十七，籬頭吹篳篥；四九三十六，夜眠如露宿；五九四十五，太陽開門戶；六九五十四，貧兒爭意氣；七九六十三，布衲兩肩攤；八九七十二，貓狗尋陰地；九九八十一，犂耙一齊出。

一九至二九，相喚勿出手；三九二十七，笆頭吹觱栗；四九三十六，夜眠如露宿；五九四十五，牀頭把唔唔；六九五十四，笆頭出嫩蘙；七九六十三，破絮担頭攤；八九七十二，黃狗向陰地；九九八十一，犂耙一齊出；十九足，蝦蟆鬧㗅㗅。

一九至二九，相招不出手；三九二十七，凌丁出半壁；四九三十六，方纔凍得熟；五九四十五，窮漢街頭舞；不要舞，不要舞，還有春寒四十五。

一九二九，作揖勿出手；三九四九，流水勿走；五九四十五，太陽開門戶；六九五十四，笆頭抽嫩枝；七九六十三，花絮担頭担；八九七十二，黃狗想陰地；九九八十一，犂耙一齊出；十九足，蝦蟆田雞鬧續續。

一九二九不出手；三九四九冰上走；五九六九，沿河看柳；七九六十三，行路人兒把衣寬；八九七十二，黃牛都下地；九九楊落地；十九杏花開。

一九二九不出手；三九四九冰上走；五九六九冰解散；七九八九陽漸暖；九九楊落地；十九杏花開。

一九二九不出手；三九四九冰上走；五九六九，養花看柳；七九河開；八九雁來；九九加一九，遍地犁牛走。

一九二九不伸手；三九四九冰上走；五九六九，沿河看柳；七九河開；八九雁來；九九家裏做飯地裏吃。

一九二九不伸手；三九四九冰上走，五九六九，養花看柳；七九河開；八九雁來；九九八十一，家裏挑飯田裏噎。

一九二九，伸不出手；三九四九冰上走；五九六九，沿河看柳；七九河開；八九燕來；九九八十一，犂耙一齊出。

一九二九，吃飯溫手；三九四九，凍破碓臼；五九六九，沿河看柳；七九燕來；八九河開；七九六十三，行人路上把衣擔；九九八十一，海馬（即蛙）跳出青水泥；九九又一九，犂牛遍地走。

一九二九，吃飯溫手；三九四九，凍破碓臼；五九六九，沿河插柳；七九八九，訪親看友；九九八十一，農忙不休息。

一九二九，相逢不出手；三九二十七，樹頭吹得折；四九三十六，夜眠如露宿；五九四十五，太陽開門戶；六九五十四，貧兒爭意氣；七九六十三，破衲街頭攤；八九七十二，貓犬尋陰地；九九八十一，犁耙一齊出。

一九二九，相逢縮首；三九四九，圍爐飲酒；五九六九，訪親探友；七九八九，沿河看柳；九九加一九，遍地犁牛走。

一天；二地；三貓；四鼠；五羊；六猪；七人；八穀；九蠶；十麥。（言正月初一至初十日天晴都好）

一雞；二狗；三猪；四羊；五馬；六鹿；七人；八穀；九菓；十菜。

一雞；二犬；三羊；四猪；五牛；六馬；七人；八穀；九蠶；十麥。晴爲祥，雨爲殃。

一月二月防寒流；三月四月抽菊頭；五月六月晒黃牛；七月八月水澆油；九月十月看彩球；十一十二種蓋樓。

一日值雨（指四月初一），人食百草。

一日（四月）晴，一年豐；一日雨，一年歉。

〔二畫〕

二月雷，狗嗦白米堆。

二月雷，麥鼓堆。

二月下雨黃梅根，只怕廿九夜裏關了門。

二月不擱結，夜裏冷白天熱。

二月休把棉衣撤，三月還下桃花雪。

二月茵陳三月蒿，四月找到作柴燒。

二月二晴，倉前掛銀瓶；二月二落，倉前無人踏。

二月二，颳大風，糜子穀子收十分。

二月二，蝦蟆啞啞啞，稻場無稻耙。

二月二，香瓜茄子齊下地。

二月二，滑蟲盡下地。

二月二，龍抬頭。

二月二，龍抬頭，蝎子蚰蜒皆出頭。

二月二，敲梁頭，大圈滿，小圈流。

二月二，拍拍瓦，蝎子蚰蜒沒有抓。

二月二，敲門墩，紅鬍子死的斷根。

二月二，家家女兒跑到娘窩裏。

二月十二下了雨，要落十二個花夜雨。

二月十九晴，麥草好搓繩；二月九陰落，繭子貴如金。

二月清明挨市街，三月清明無筍賣。

二月清明花開敗，三月清明花不開。（指杏花而言）

二月清明老了柳，三月清明柳不開。

二月清明花開白，三月清明花不開。

二月清明不要忙，三月清明好撒秧。

二月半，挖小蒜。

二月寒食不開花，秫穀種二回。

二月從頭凍，米麥遍破甕。

二月賣新絲，五月糶新穀，補得眼前瘡，挖却心頭肉。

二、八月看美，六臘月看鬼。

二、八月，兩中平（指日長相等而言）。

二、八月，晝夜相停。

二、八月，亂穿衣。

二、八月，看巧雲。

二、八月出癲狗

二、八月，起盤兒。（指鴿而言）

二、八月，不可解，陰涼冷，陽地熱。

二、八兩交熬，有米沒柴燒。

二、八兩頭平，日夜弗看輕。

二月甲戌日，風從南來田稻熟。

二月逢二卯，棉花豆麥好。

二春夾一冬，十家牛欄九家空。

二春夾一冬，無被暖烘烘。

二十夜（指年底），連連夜，點得紅燈做繡鞋。

二十三，神上天；二十四，掃房子；二十五，磨豆腐；二十六，蒸饅頭；二十七，去趕集；二十八，貼花花；二十九，打壺酒；年三十，攝扁食；大年初一，打躬又作揖。

二十分龍二十雨，四十九日曬蓑衣；二十分龍廿一雨，水車擱在擱棟裏。

二十分龍二十雨，四十九日曬蓑衣；二十分龍廿一雨，田車擱在衖堂裏。

二十分龍二十雨，水車坍啦水田裏。

二十分龍二十雨，大伏天公著蓑衣。

二十分龍廿一雨，一年收啦二年米。

二十分龍廿一雨，伏天睏啦桑蔭裏。

二十分龍廿一雨，車兒擱在衖堂裏；二十分龍廿一鱟（即虹），拔起黃秧種赤豆。

二十分龍廿一雨，破車擱在衖堂裏；二十分龍廿一鱟，拔起黃秧就種豆。

二十分龍廿一雨，廿三廿四回龍雨。
七月初一雨，落得萬人愁。
七月初三月下雲，十萬蒲包九萬陳。
七月七，生瓜梨棗都中吃。
七月七，不洗車。
七月八，采穀吃。
七月七洗車（意謂下雨），八月八潦花（漲大水也）。
七月七，無洗車；八月八，無蓼花。
七月七，牛郎織女相會面。
七月七，牽牛織女兩口哭。
七月七動雷，八月八大水。
七月七日響雷公，大水平天公。
七月七，上晝落雨斷人糧，下晝落雨斷牛糧。

七月半，檢斤半。（指棉而言）
七月半，日頭短條線。
七月半，栽好蒜。
七月半，種早蒜。
七月半，甘蔗兩頭尖。
七月半，糖梗兩節半。
七月半無雨，十月半無霜。
七月半，亡人等不到中。
七月半嘗嘗看，八月半吃一半。（指芋奶而言）
七月十五，道房磨穀。
七月十五，砍倒麻穀。
七月十五夜晴，春花墾得成。
七月十五苗生日，要晴；若有雨，撈水稻。

七月十五打響鞭，酸棗棗兒紅眼圈。

七月十五紅眼圈（言棗），八月十五曬棗乾。

七月十五紅眼圈，八月十五打響鞭。

七月十五紅圈，八月十五落幹。

七月十五花紅棗，八月十五打個了。

七月十五花紅棗，八月十五曬紅棗。

七月十五見紅棗，八月十五擺遍了。

七月十五吃石榴，八月十五打胡桃。

七月十五定旱澇，八月十五定太平。

七月可以定旱澇，八月可以定窮富。

七月秋風起，八月秋風涼，九月秋風收流浪。

七月秋，蒔到秋；八月秋，便把休。

七月秋風起，嬉客見高低。

七月秋風起，朋友顯高低。

七月立秋，早晚都收。

七月雨，八月旱，棉花桃兒如蒜瓣。

七月不缺雨，五穀打不虛。

七月連陰吃飽飯；八月連陰乾綠倒。

七月中，八月偏，九月十月看不見。

七月邊，棗紅圈。

七月胡桃八月梨。

七月胡桃八月梨，九月柿子黃了皮。

七月胡桃八月梨，九月柿子來趕集。

七月棗，八月梨，九月柿子黃肚皮。

七打核桃八打梨，九月裏柿子紅了皮。

七月蕎麥八月花，九月蕎麥收到家。

七月燒衣兼買牛。

七月熱到頭，八月便罷休。

七月裏看巧雲。

七月八月看巧雲。

七月八月地如篩。

七八月南風二日半。

七人，八穀，九芝麻，十黃豆。（言正月初七、八、九、十天晴，人口太平年歲豐饒。）

七人，八穀，九牛羊。

七人，八穀，九蠶，十麥。

七定，八看，九穿星。（指正月）

七不出，八不歸。

七九河開，八九雁來。

七九冰黑八九消。

七陰八下九不晴。

七陰八不晴，九纔放光明。

八月雁門開。

八月雁門開，雁兒脚下帶霜來。

八月初一雁門開，百雁頭上帶霜來。

八月初一烏雲現，又有蘿蔔又有菜。

八月初一難得雨，九月初一難得晴。

八月初一難得雨，九月初一難得晴，晴得旱。

八月初一下一陣，旱到明年五月盡。

八月初一下雨，值一個秀才中舉。

八月初一初二下，明年莊稼不種罷；八月初一初二陰，旱到明年五月中。

八月初一大清明。

八月八，女採花。

八月八，不歸家。

八月八，收棉花。

八月八，蚊子嘴開了花。

八月十五夜晴，來年春花收得成。

八月十五晴，正月十五看龍燈。

八月十五雲遮月，正月十五雪打燈。

八月十五雲遮月，正月十五雪打燈，來年一定好收成。

八月十五雲遮月，來歲元宵雪打燈。

八月十五雲遮月，來歲元宵雨打燈。

八月十五雲遮月，提防來年雪打燈。

八月十五下星星，準備來年雪打燈。

八月十五月兒圓，西瓜月餅擺得全。

八月十五月正南，瓜果石榴列滿盤。

八月十五收了雷，忤逆媳婦還怕誰。

八月十五雁門開，小燕走，大雁來。

八月中秋雲遮月，來年元宵雨打燈。

八月中秋夜，一夜冷一夜。

八月十六雲遮月，來年須防大水沒。

八月半，蚊蟲多一半；九月九，蚊蟲叮搗臼；十月十，蚊蟲死得滑直直。

八月廿四日爲稻蒿生日，若雨則柴荒米貴。

八月大，牆頭好種糯。

八月大，街頭無菜賣；八月小，街頭菜賣不了。

八月大，菜如麻；八月小，菜如寶。

八月小，菜如寶；八月大，菜似磨。

八月毛雨擦，有米無柴煨。

八月響雷不降霜。

八月一聲雷，遍地都是賊。

八月無空雷，有雷必有雹。

八月雷聲發，大旱一百八。

八月雨水定。

八月南風二日半；九月南風當日轉。

八月風潮，性命難保。

八月黃臘潮。

八月虹出西方，米粟貴。

八月暖，九月暖，十月小陽春；冬至月，能幾日，臘月又立春。

八月無霜衰青青。

八月棉花白蛇精，獨怕龍放形。

八月葱，九月空。

八月寒露搶着種，九月寒露想着種。

八月逢二卯，二麥不宜早。

八月逢三卯，二麥不宜早。

八月連陰種麥子，可怕淋爛柿子棗。

八月蝦蟆鳴，麥子種兩層。

八月蚊生牙，九月蚊生角。

八九七十二，行路帶扇走。

九月初一難得晴，皮匠娘子要嫁人。

九月九，日頭跟山走；十月中，梳頭洗澡作一工。

九月九，無事莫到外邊走。

九月九，大水滿搗臼。

九月九，吃芋頭。

九月九，不成脯。

九月九，蚊子叮石臼。

九月九，丈夫抄着手，家家吃蘿蔔，病從那裏有。

九月九晴一冬冰。

九月九陰一冬溫；九月九晴一冬冰。

九月九日天晴，一冬冷；九月九日天陰，一冬煖。

九月九是重陽，場裏尙比地裏光。

九月重陽，菱網消烊。

九月重陽，移火進房。

九月十二晴，釘鞋掛斷繩。

九月十二晴，皮匠老媽要嫁人；九月十二落，釘鞋爛斷繩。

九月十二晴，皮匠老媽要嫁人；九月十三落，皮匠老媽戴金鐲。

九月十二露，晚稻燥皺皺；九月十二晴，晚稻爛田塍。

九月十三晴，釘靴掛斷繩。

九月十三落，皮匠娘子要吃肉；九月十三晴，皮匠娘子要嫁人。（言旱荒）

九月十三晴，不如十二夜裏一天星。

九月廿七風，十月午時風。

九月雷聲發，旱到來年八月八。

九月雷聲響，十月米稻漲。

九月響雷，遍地是賊。

九月雷聲十月霧，明年的長工沒人雇。

九月孤雷發，大旱一百八。

九月雷，豬兎槌。

九月雨，禾成脯。

九月卽是安墒雨，十月麥子如鬆起。

九月露水抵小雨；十月霧露曬蕩乾。

九月南風當夜雨。

九月南風二日半；十月南風隨夜轉。

九月南風兩日半；十月南風隨夜霽。

九月登高隨山走。

九月團臍十月尖。（指蟹言）

九月韭，佛開口。

九月三個卯，種子晚不了。

九月大，虀菜勝滿；九月小，虀菜少。

九月重河凍，米麥擠破甕。

九月得霜人有難，重陽無雨一冬晴。

九月糊窗，丟下一方。

九盡無零絲，反凍十八天。

九盡杏花開，芒種就有麥。

九盡楊花開，十九燕子來。

九盡花不開，芒種沒有麥。

九盡花不開，來年果木壓破街。

九盡花不開。果木壓半街。

九裏滿地紅，來年定生蟲。

九裏一場風，伏裏一場雨。

九日一場風，伏內一場雨。

九前打一捧，九後望祇望。（指雪）

九後一次雪，百天要發水。

九九有雪，伏伏有雨。

九九山頭白，江底有尺麥。（言冬至後，每隔九日，下雪一次，來年定旱。）

九九南風伏裏乾。

九九南風都不怕，但怕盡九颳南風。

九九賽春天，家家哭少年。

九九不凍河，不得吃白饃。

九九不盡楊花開。

九九楊不落，好麥沒人割。

九九作，農人樂。

九九勿遡光，米麥着船裝。

九九再九九，麥子到了口。

九九加一九，鞭打犂牛走。

九九八十一，家家打炭墼。

九九八十一，窮漢受罪畢。

九九八十一，窮漢受罪畢，纔得放脚眠，蚊蟲蚤蝨出。

九九八十一，脫了寒衣換夾衣。

九菜十麥。（言九月種菜，十月種麥。）

十月初一陰，柴炭貴似金。

十月初一西北風，糴仔新米過冬舂。

十月初一晴，柴炭灰樣平。

十月初三晴，皮匠阿母要嫁人。

十月十五做烏陰，柴炭米穀貴似金。

十月十五晴，寒風屑雨盡歸正；十月十五雨，簑衣笠帽無脫體。

十月十五晴，鴨母無卵到清明。

十月十五一天陰，一冬温；十月十五一天晴，一冬冷。

十月半，竈前竈背打個轉。

十月中，梳頭吃飯當一工。

十月中，做茶打飯又一工。

十月忽忽，梳頭澼臉當一工。

十月無工，祇有梳頭吃飯工。

十月八月亂砍田。

十月小陽春，無雨煖温温。

十月朝，大家小戶穿棉襖。

十月無霜，碓頭無糠。

十月無壬子，留寒待後春。

十月雷，路口雨來催。

十月雷，人死用耙堆。

十月雷，人死牛濫堆。

十月青蛙叫，晴到打年糕。

十月壬子破，餓死在來春。

十月禾苗怕夜雨。

十月沫露塘灩，十一月沫露塘乾。

十月南風毒似藥。

十一月朔日或冬至值大雪，主有災風雨宜麥。

十一月初六東風起，江湖盜賊結成羣。

十二月初三晴，來年陰濕到淸明。

十二月初三見日，正月初四見雪。

十二月裏懶淘米。

十二月裏攬燒火。

十二月裏打雷動刀兵。

十三暗，不如十四靈；十四晴，釘鞋掛斷繩。（指九月）

十七八（指夏月），殺隻鴨（言月上月落甚速）。

十八隻秋老虎。（言秋熱也）

十九足，蝦蟆鬧嗾嗾。

十九花不開，果子排滿街；九盡楊不落，芒種麥不割。

〔三畫〕

三月初一風，麥子定不豐；四月初一雨，穈子必定秕。

三月初一風，四月初一雨，麥子黃疸穀黍秕。

三月初一颳大風，麥子決定收不成。

三月初一雨飄飄，人民當食草。

三月三，薺菜花兒賽牡丹。

三月三，薺菜花兒結牡丹。

三月三，梅子上行擔。

三月三，梅子嘗鹹淡。

三月三，種葫蘆。

三月三，絲瓜葫蘆都露尖。

三月三，鱸魚上岸灘。

三月三，正清明。

三月三落雨，落到繭頭白。

三月下雨可種秋；八月下雨麥痛收。

三月三日陰，桑葉貴似金；三月三日晴，桑葉打成棚。

三月三日下，桑葉不定價；三月三日晴，桑葉沒人稱。

三月三日晴，桑上掛銀瓶；三月三日雨，桑葉無人取。

三月三日起大風，十担菠蘿九担空。

三月三日晴，蓑衣箬帽擱上棚；三月三日雨，蓑衣笠帽壓到死。

三月三，螞蟻上高山。

三月三，螞蟻上竈山。

三月三，蝦蟆好睏睏。

三月三，雲鑢鑢，背了桑葉還轉來。

三月三，九月九，無事莫到江邊走。

三月三，凍的把眼翻。

三月三，路上行人把衣担。

三月三，擂槌棍子插得生。

三月三日冷凄凄，三十五日蓋棉被。

三月三，曬得溝底白，鵝毛管管全是麥。

三月三，蝦蟆叫，稻場堆滿好黃稻。

三月三，脫了寒衣穿單衣，

三月三的風，四月四的雨，麻豆秕糠黑豆蛆。

三月初三皎皎晴，蒔了黃秧耘不成。

三月初三晒得溝底白，牛毛草兒盡變黃小麥。

三月初三晴，桑樹掛銀瓶；三月初三雨，桑葉整檯舖。

三月初三起狂風，養蠶小姐一場空。

三月初三落了雨，六月初六也要落。

三月初七洗了老鴟毛，麥在水裏撈。

三月怕三七，四月怕初一。

三月怕三七，四月怕初一；三七四一都不怕，就怕四月十二下；四月十二濕了老鴟毛，麥在水裏撈。

三月十一日麥生日，喜天晴。

三月十二晴，皮匠阿娘去嫁人；三月十二落，皮匠阿娘吃塊肉。

三月十三，麥子直站。

三月十五春草生。

三月十五晴，桑樹底下掛銀瓶；三月十五滴一點，桑貴於繭；三月十五陰，桑葉一文錢一斤。

三月十六皎皎晴，桑樹頭上揀人情。

三月十六月皎皎，桑樹頭上揀人情。

三月十六皎皎晴，桑樹頭上掛金銀；三月十六暗悶悶，有葉勿開門。

三月十六見青天，看蠶娘娘要花纈。(主桑葉貴)

三月十六樹頭響，(發風)一斤桑葉一斤鯗。(主葉貴蠶好)

三月十八，豌豆開花。

三月二十晴，一株棉百念輪；三月二十落，一畈棉花做雙襪。

三月廿六沿山霧，看蠶娘娘尋頭路。(主蠶病)

三月二十八，豌豆屹杈杈。

三月清明你莫慌，二月清明早下秧。

三月清明麥不秀，二月清明麥秀齊。

三月清明榆不老，二月清明老了榆。

三月清明化紙錠，吃過米粿趁龍燈。

三月西風麥老公，四月西風麥頭空。

三月麥淺黃，割了麥子種高粱。

三月豆收四月米，五月初五捲心雨。

三月思種桑，六月思築塘。

三月裏菠，打破鍋；六月裏蒿，當柴燒。

三月晴明二月天。

三月四月娃娃天。(時晴時雨之意)

三月溝底白，莎草變成麥。

三月雨貴似油；四月雨，好動鋤。

三月有雨多種穀；四月有雨多種麥。

三月有三卯，田家米自保。

三月好種竹；四月好壅竹；五月壅死竹。

三月連大，皇帝喊餓。

三月出門眞難過，一頭衣裳一頭貨。

三月無三卯，田家米不飽。

三月勿靶扇，好像種田漢。

三月雞，吱吱吱；三月鵝，肩上馱；三月鴨，動刀殺。

三七初一總不怕，最怕四月十二下，濕了老鴉毛，麥子水裏撈。

三春靠一冬。

三春戴薺花，桃花羞繁華。

三春有雷響，蠶娘定要僵。

三陽（自重陽日至二十九日）無雨旱一冬。

三時盡已溜（卽知了）鳴。

三時盡，蟬子鳴，西南風，望天晴。

三時三送，低田百弄。

三時已斷黃梅雨，萬里初來舶艫風。

三伏熱，冬天多雨雪。

三伏酷熱，秋收必蝕。

三伏不熱，五穀不結；六月蓋被，田裏無米。

三伏之中無酷著，田中五穀都不結；此時若不見災厄，定主三冬有雨雪。（古六月）

三伏之中逢酷熱，準定三冬多雨雪；此時若不見災咸，五穀在田多不結。

三伏之中無酷熱，田中五穀多不結。
三伏之中十分熱，冬來大雪擁門屛。
三伏天，瓦不乾。
三伏有雨好種麥。
三伏有雨廣收麥。
三伏有雨秋後熱，處暑白露無甚說。
三伏有雨收麥好；芒種有雨豌豆宜，黍子出地怕雷雨。
三伏有雨苗不壯，秋後霜早籽不强。
三伏溇雨多種麥。
三伏不受旱，一畝打九石。
三伏挾衣走，三九加衣服。
三伏夾一九，三九夾一伏。
三伏不盡秋到來。

三九凍死狗。
三九連四九，神仙難下手。
三九猪打泥，收得糜黍搭拉地。
三九四九冰上走。
三日則可，四日殺我。（三月三日四日如雨，主桑葉貴）
三日冬至四日年。
三日無雨斷黃梅。
三個黃梅四個夏。
三十不當四十，清明不當驚蟄。
三年兩頭閏，行閏不行閏。
三年兩頭閏，餓煞經濟人。
三庚三卯，高鄉麥好；三庚二卯，麥出低鄉。（指八月）

三庚三卯，高鄉麥好；三卯三寅，麥出低村。

三弗夜，四弗休。（言三四月間日長）

上元無雨多春旱。

上元無雨多春旱；清明無雨少黃梅；夏至無雨三伏熱；重陽無雨一冬晴。

上元日晴宜百果；元宵無雨一春旱。

上春（即上季）禾子怕北風，下春禾子怕雷公。

上春禾子不怕水連連，下春禾子不怕火燒天。

上看二月二，下看三月三。（意謂這兩日下雨，主不好。）

上看初三，下看十六。（指正月而言）

上看初二三，下看十五六。

上看初二三，下看十六七。

上怕（怕下雨）初三，下怕十六。

上八（亦指正月）夜弗見參星，月半夜弗見紅燈。

上巳有風梨有蠹，中秋無月蚌無胎。

千年難得虎瞌睆，百年難逢歲朝春。

千戽萬戽，勿及處暑一戽。

千澆萬澆，不及處暑一澆。

千算萬算，芒種下鐯。

千憂萬憂，憂到八月念日五更頭。

小滿見三新。（櫻桃、繭、蒜）

小滿三日見新繭。

小滿三朝絲上街。

小滿三朝絲上行。

小滿動三車。（絲車、油車、水車）
小滿十日見白麪。
小滿不滿，芒種不管。
小滿不滿，芒種亂吹。
小滿不滿，黃梅不管。
小滿不滿，乾斷田坎。
小滿不下，乾斷塘壩。
小滿不下，黃梅雨少。
小滿不下，犂耙高掛。
小滿不種，芒種不留。
小滿不出頭，割了喂老牛。
小滿三天望麥黃。
小滿十八天，青稈自死。
小滿十八天，生熟都要乾。

小滿滿勿滿，爲何不種旱。
小滿滿起沿，芒種管半年。
小滿蠶麥熟。
小滿麥滿仁。
小滿麥滿倉。
小滿會，種梅豆。
小滿花，不歸家。
小滿稻有産。
小滿前後蜜蜂飛。
小滿芝麻，芒種黍稷。
小滿開花芒種吃。
小滿桑椹黑，芒種大麥割。
小滿椹子黑，芒種吃大麥。
小滿割不得，芒種割不及。

小滿風，樹頭空。

小滿晴，麥子響鈴鈴。

小滿天難做，蠶要溫和麥要寒。

小滿節無雨，黃梅也少雨。

小暑逢庚起初伏。

小暑一聲雷，翻轉做重霉。

小暑一聲雷，翻轉倒黃梅。

小暑一聲雷，依舊倒黃霉。

小暑一聲雷，重新做黃霉。

小暑一聲雷，半個月黃梅倒轉回。

小暑動雷，倒做黃霉。

小暑雷，黃梅回；倒黃霉十八天。

小暑溫暾大暑熱。

小暑熱，無君子。

小暑大暑未是暑，立秋處暑正是暑。

小暑大暑，有食懶煑。

小暑日雨落，黃梅顛倒轉。

小暑南風十八朝，曬得南山竹也焦。

小暑若颳西南風，農夫忙碌一場空。

小暑起西南，老龍奔深潭；小暑起西北，鯉魚飛過屋。

小暑西南沒小橋；大暑西南踏入腰。

小暑東南風作旱，伏天西北臘冰堅。

小暑東北，鯉魚沿塘壩；小暑東南，鯉魚鑽深潭。

小暑裏蒔秧無好稻。

小暑栽秧，不够完糧。

小暑栽秧喂老鼠，莊稼宜早不宜遲。

小暑一點漏，丟了黃秧種綠豆。
小暑青棵發老稻。
小暑油麻大暑粟。
小暑棗生熟；處暑棗嘗嘗；秋分棗子落蘇常。
小暑豆，大暑穀。
小暑裏黃鱔不值錢。
小雪見雪，蠶豆無莢結。
小雪日見雪，搨米折一掘。
小雪大雪，隔離半月。
小雪大雪，煮飯不歇。
小雪弗見雪，到老沒莢結。
小雪不見雪，便把來年長工歇。
小雪雪滿天，來歲必豐年。
小雪封地，大雪封河。

小雪不封地，待不三五日。
小雪不凍地，不過三五日。
小雪不種地，大雪不行船。
小雪不出土，大雪不發股。
小雪不發芽，大雪不出土。
小雪不見蠶豆葉，到老沒莢結。
小雪山頭霧，便把來年長工僱。
小雪山頭晴，來年小麥難望成。
小雪無雲莫種田。
小雪東風春米賤，西風春米貴。
小寒大寒，冷成冰團。
小寒大寒，不久過年。
大暑熱處外，處暑熱處內。
大暑過三朝，種豆不濕腰。

大暑前三天出三星，雖熱不要緊；後三天出三星，熱得翻眼睛。

大暑弗澆苗，到老無好稻。

大暑小暑鋤黍苗，雨水過大苗不牢。

大暑開黃花，四十五日捉白花。

大暑油麻小暑粟。

大旱不過五月十三。

大旱不過七月半。

大伏蓋被，有穀無米。

大雁不過二月二（去），小燕不過三月三（來）。

大雁不過九月九；小雁不過三月三。

大雪到冬至，吃飯不喘氣。

大雪無雲是荒年。

大年初一黑落禿，高田低田一齊熟。

大寒三白定豐年。

大寒三白，極宜菜麥。

大寒見三白，農人衣食足。

大寒蚊子叫，舊穀有人要。

大寒像春天，家家哭少年。

大寒須守火，無事不出門。

大寒無過丑寅，大熱無過未申。

〔四畫〕

元旦三不轉。

元旦雨，主春旱；元旦霧，歲必飢。

元旦天氣好，穀米收得早。

元旦晴和無日色，其年必豐。

元旦東方泛紅雲，定有蝗蟲滿水臨。

元旦早晨日未昇，快看黑雲何處生。東黑春雨南黑夏，西黑秋雨北黑冬。

元旦四方看雲色，黃熟青蝗赤主旱。

元旦日出紅，絲貴有蝗蟲。

元旦日晴明，年豐人安寧；元旦日風雨，米貴蠶兒稀。

元旦日細雨微風，主霉裏大水害農功。

元旦麻雀叫啧喳，今年定收好棉花。

元旦有風有日又有雲，號稱三有好收成。

五月初一晴，長工少條繩；五月初一霧，長工街上走。

五月初一雨，百草易生蟲；五月五日雨，麥杏一齊黃。

五月初一若落雨，坍牆倒壁難修築。

五月初三連夜雨，明年早種白頭田。

五月五日雨下田，各樣田禾起油汗。

五月五日天中節，赤石白石盡消除。

五月五日雨連綿，定是好天年。

五月五，糖糕糉子過端午。

五月初五雨，穀子爛，高粱秕。

五月端午下一陣，蟲兒起來蔬菜盡。

五月南風好藥。（有害五禾）

五月南風沒（作漲字解）大水。

五月南風漲大水，六月南風飄飄晴。

五月南風遭大水。

五月南風下大雨，六月南風井底乾。

五月一到，東風三到水。

五月十三磨刀雨。

五月十三落了全夜雨，盤大苗棵收弗來米。

五月二十分龍廿一雨，石頭縫中都是米。

五月連陰六月旱，七月八月吃飽飯。

五月三八都要雨，頭八無雨二八休，三八無雨種蕎豆。

五月壬子破，水從屋檐過。

五月壬子破，水望山頭過。

五月壬子破，水從山頭過。

五月壬子破，水從屋頂過。

五月壬子破，大水唱山歌。

五月裏霧露，雨下半路。

五月裏冷，一顆豆，收一捧。

五月涼，豆必成。

五月小，瓜果吃不了。

五月小，小瓜兒梨棗吃不了。

五月小，黄瓜瓠子結上杪。

五月茵陳二月蒿，長到三月當柴燒。

五月芒種不下鐮，四月芒種割一半。

五月逢三寅，新麥貴於陳。

五月三寅，新貴於陳。（指粮價）

五月爭回樓。

五月場南沒麥糠。

五月旱，棗兒瓣；六月連陰吃飽飯。

五月龍教仔，六月天分龍。

五九四十五，窮漢街頭舞。

五九四十五，貧兒市上舞；貧兒且莫誇，且過桐子花。

五九六九，窮漢伸手。

五九半，冰凌散。

五六月多過雲雨。

五荒六月。

五黃六月，三霧二雨。

五黃六月，勒馬等路。

五黃六月，一晴就熱；六月勿熱，五穀勿結。

五六(月)東風禍，七八(月)東風旱。

五借債，六搖會。(五六都指月份而言)

六月初一龍落淚，新糧倒比陳糧貴。

六月初一下一陣，放牛小孩跑成病。

六月初一一劑雨，夜夜風潮到立秋。

六月初一砰聲響，棉花剩光梗。

六月初一西北風，黃花摘總要變絨。

六月初二一個陣，要做七十二個連環陣。

六月初三一個陣，七十二個趕狗陣。

六月初三一個陣，上晝耘稻下晝睏。

六月初三一陣夜雨，夜夜陣頭到秋裏。

六月初三下場雨，涼風颼颼亂到秋。

六月初三霧濛濛，年歲大熟五穀豐。

六月初三鋤版田，算來算去也是上半年。

六月初三晴，竹條盡枯零。

六月初三晴，山篠盡枯零；六月初三一陣雨，夜夜風潮到立秋。

六月初六蝦蟆叫，主六十天旱。

六月三日晴，山篠盡枯零。

六月三日雨一陣，上晝耘田下晝睏。

六月六，狗淴浴。

六月六，晒佛經。

六月六，晒穀秀。

六月六看穀秀。

六月六，晒得雞蛋熟。

六月六看穀秀；七月七，把穀吃。

六月六，棗嘗生熟；七月半，棗當當；八月中秋，棗落蘇州；九月重陽，棗轉茴香。

六月六，壓石榴。

六月六，枇杷上市杏桃熟。

六月六，買隻餛飩落介落。

六月六，雷公勃勃，大水滿屋。

六月初六一個陣，要打六六三十六個陣。

六月初六打個陣，要打六十六個陣。

六月十二雷聲響，棉花變根梗。

六月十二一聲響，棉花剩根梗。

六月十二團團風，種田人一場空。

六月十六月上早，好收稻；月上遲，秋雨徐。

六月十九觀音報；七月七日總管報；七月三十地藏報。（報，卽風雨之謂。言以上各日，如有風雨，田稻有害也。）

六月裏迷霧，要雨直到白露。

六月裏鮮貨防旱賣。

六月裏同丈母講送年。

六月裏沒飯吃，日長；十二月裏沒被蓋，夜長。

六月裏的日頭，晚娘的拳頭。

六月裏蓋被，十二月裏無米。

六月裏蓋夾被，田裏不生米。

六月蓋被，有穀無米。

六月蓋罩被，田裏無張屁。
六月不熱，五穀不結。
六月不乾田，無米莫怨天。
六月債，還得快。
六月曬得雞蛋熟。
六月東風颶。（恐發颶風）
六月西風，稻管生蟲。
六月西風吹蘆草，八月無風秕子稻。
六月北風當日雨，好似親娘看閨女。
六月一雷壓九篩。（九篩即九次颶風）
六月無夜陣。
六月無曉，種田無靠。
六月無曉，種田無穀。
六月無蒼蠅，新舊米相登。

六月無蠅，新舊相登米價平。
六月秋，早罷手。
六月秋，要到秋；七月秋，不到秋。
六月秋要到，七月秋不到。
六月天䟽躲，一時有日一時風。
六月天，落水不過田基。
六月勿借扇。
六月防初，七月防半。（防颶風）
六月下連陰，遍地是黃金。
六月田中拔棵草，冬至吃一飽。
六月田中去稗草，冬至吃一飽。
六月有庚申，七月有秋淋。
六月逢三壬，井底見灰塵。
六月豆，露半邊。

六月桃，七月梨，九月柿子忙趕集。

六月日頭如火燒，晚娘拳頭如鐵澆。

六月小，番秧少。

六月小，曬死高山老竹筲；六月大，高山頭上好種麥。

六月冷，一顆豆，打一捧。

六月弗出汗，秋後必要亂。

六月凍死強漢。

六九五十四，乘涼不入寺。

不到冬至不寒，不到夏至不熯。

不分(春分)不暖；不分(秋分)不冷。

不丙不霉，不辛不時。

不做黃霉枉種田。

不得春風地不開；不得秋風籽不來。

不怕四月初八日裏雨，只怕夜來隔壁鬼。

不怕清明頭夜鬼，只怕清明夜頭雨。

天長五月爲最；天短十月爲最。

天九過了數地九，地九過了麥到手。

天九盡，地韭出。

今年大寒吹南風，明春早秧多空送。

分龍雨，禾苗起。

分龍雨，定方向，六月曬穀收不收，愛看雲頭那邊烏。

分龍無雨是懶龍。

分(秋分)後社，白米徧天下；社後分，白米像錦墩。

中伏裏頭種蘿蔔。

中伏蘿蔔末伏芥。

中伏蘿蔔末伏芥，三天蘿蔔四天菜。

中伏下菜秧，寒露取菜苗。

中時報雷沒低田。

日間芒種晚間霉。

日立秋，坵坵有；夜立秋，做一坵；六月秋，緊淋淋；七月秋，慢優優；八月秋，不打扮。

日立秋，主冷；夜立秋，主熱。

月中有三卯，豆麥棉花喜相宜；若逢此月有三亥，後來大旱必可期。

太歲在丑，乞漿得酒；太歲在巳，販妻鬻子。

〔五畫〕

正月初一穿，年卅日夜吃。

正月初三一朝霜，一個稻稐兩個扛。

正月十一落落雨，一點水來一個魚，漁船娘娘很歡喜；正月十一晴，漁船娘娘叩頭跪地求神明。

正月十五雪打燈，一個稻穗打半斤。

正月十五看龍燈。

正月十六雪打燈，棉花必定普稜稜。

正月十八，木杵扦活。

正月二十晴，陰陽百無準。

正月二十不見星，瀝瀝拉拉到清明。

正月雷，遍地賊。

正月雷公叫，穀種落三到。

正月打雷土穀堆；二月打雷糞穀堆；三月打雷麥穀堆；四月打雷豆穀堆。

正月雷鳴二月雪，三月無田耙，四月秧生節。

正月雪打雪，二月落得勿肯歇。

正月不要雪，二月不要熱。

正月怕雪；二月怕雨；三月怕風；四月怕寒。

正月怕煖，二月怕陰；三月怕凍；四月怕風。

正月三白，田公笑哈哈。

正月上三白，田公笑嚇嚇。

正月器坑好種田。

正月逢三亥，湖田變成海。

正月到，吃茶吃元寶。（元寶卽雞蛋）

正月陰濕好種田，二月陰濕沒了田。

正月陰，器坑好種田。

正月有壬子桑葉貴，有甲子先貴後賤。

正月種竹；二月種木。

正月不凍二月凍，豌豆大麥逼破甕。

正月凍死牛；二月凍死馬；三月凍死耕田家。

正月牛瀾泥，二月牛燂蹄。

正月好栽樹。

正月閒，好修堰。

正月種松；二月種杉；三月種竹。

正月裏，夜雨好；二月裏，夜雨寶；三月裏，夜雨草；四月裏，夜雨爛小麥；五月裏，夜雨大荒年。

正月燈；二月鷂；三月上墳船裏看姣姣。

正月燈；二月鷂；三月上墳船裏看姣姣；四月種田拔稗草；五月挑糖換雞毛；六月車水戴涼帽；七月上山割旱稻。

正月正，走馬燈；二月二，杏花燈；三月三，三隻鱸魚上岸灘；四月四，買粒黃豆變做珍珠子；五月五，買個黃魚過端午；六月六，買了餛飩落介落；七月七，買個西瓜吃介吃；八月八，八隻紅菱九隻角；九月九，蚊子叮石臼；十月十，頭上頂個石菩薩。

正月半，走橋橋；二月二，吃糕湯；三月三，野菜開花結牡丹；四月四，鱸魚上岸灘；五月五，買個黃魚過端午；六月六，買隻餛飩落介落；七月七，買隻西瓜吃介吃；八月八，買隻老菱剝介剝；九月九，九個姑娘上杭州；十月十，十月芙蓉鬧小春。

正月摸骨牌；二月做草鞋；三月斫毛柴；四月呵呵笑；五月端午羹；六月乘風涼；七月稻桶響；八月桂花香；九月九重陽；十月看姑娘；十一月颼颼風；十二月雪花揚。

正月賣花炮；二月來做豆；三月担梅子；四月販蒜頭；五月摘荔子；六月採西瓜；七月數龍眼；八月爨芋頭；九月糊紙鷂；十月坑菜頭；十一月紅柑紅又紅；十二月燈燭共燈籠。

正月蹬蹬坐；二月芥菜大；三月拔茅針；四月拗烏筍；五月五端陽；六月熱膨膨；七月七秋涼；八月桂花香；九月九重陽；十月芋奶燉雞娘；十一月投錢糧；十二月家家過年忙。

正月拜歲啄瓜子；二月小孩放鷂子；三月上墳坐轎子；四月種田下秧子；五月楊梅夾桃子；六月走路帶扇子；七月鬼手搶銀子；八月月餅嵌餡子；九月重陽吃粽子；十月金柑夾桔子；十一月正冬至；十二月凍死叫化子。

正月甘蔗節節長；二月橄欖兩頭黃；三月青梅口中香；四月枇杷已發黃；五月楊梅紅似火；六月蓮蓬水中揚；七月石榴正開口；八月菱角舞刀槍；九月山上採黃柿；十月圓眼（即桂圓）荔枝

配成雙。

正月甘蔗節節長；二月橄欖兩頭尖；三月青梅當菓子；四月枇杷顏色黃；五月桃子街上賣；六月蓮花水中開；七月葡萄顚倒掛；八月菱角像刀槍；九月柿子個個黃；十月蜜橘滿園紅；十一月焙籠焙沙榧；十二月荔枝送過年。

正月裏梅花陣陣香；二月裏杏花淡洋洋；三月裏桃花噴噴紅；四月裏薔薇都開放；五月裏石榴黃噴噴；六月裏荷花香滿塘；七月裏鳳仙是七巧；八月裏桂花滿園香；九月裏菊花堆得高；十月裏芙蓉閏小春；十一月裏山茶滿樹開；十二月裏臘梅黃澄澄。

正九月，不搬家；二八月，不打竈。

正旦晴，萬物皆不成。

立春陽氣轉；雨水沿河邊；驚蟄烏鴉叫；春分雨水乾；清明忙種麥；穀雨種大田；立夏鵝毛住；小滿雀來全；芒種大家樂；夏至不着棉；小暑不算熱；大暑在伏天；立秋忙打靛；處暑動刀鐮；白露奔割地（或作割穀子）；秋分無生田；寒露不算冷；霜降變了天；立冬先封定；小雪河封嚴；大雪交冬月；冬至不行船（或作擺祭天）；小寒忙買辦；大寒就過年（或作大雪賀新年）。

立春節，木杵扦活。

立春節日霧，秋來水滿路；驚蟄節日霧，父子不相顧；清明節日霧，病人無其數；立夏節日霧，二麥滿倉庫；芒種節日霧，井中全無醋；小暑節日霧，高田多失誤；立秋節日霧，長河作大路；白露節日霧，切莫開倉庫；寒露節日霧，窮人便欺富；立冬節日霧，老牛岡上臥；大雪節日霧，魚行人大路；小寒節日霧，來年五穀富。

立春日吃春橘；立夏日吃夏麵；立秋日吃秋瓜葉粿；立冬日吃冬粿。

立春日，南風畜穩；北風水淹；東風穀賤人安；西風盜生主旱。

立了春，凍斷了筋。

立過春，赤脚奔。

立春靠一冬，三旱當一工。

立春難望一晴。

立春晴，好收成。

立春晴，好收成；大雪紛紛是旱年。

立春晴，一春晴。

立春晴一日，耕田不費力。

立春晴一日，農家笑盈盈。

立春一日晴，早季好收成；立春一日雨，早秋禾苗死。

立春天氣晴，百物好收成。

立春一日，百草回芽。

立春三日，百草排芽。

立春東風穀價宜；立春西風穀價貴。

立春東風米價廉；立春西風米價貴。

立春東邊起横雲，米穀家家囤。

立春落雨到清明。

立春落雨到清明，一日落雨一日晴。

立春不逢九，五穀般般有。

立春好栽樹。

立春不浸穀，大暑稻不熟；大暑不浸穀，立冬稻不熟。

立春五戊爲春社。

立春到寒食，共有六十日。

立春後第五戊爲社日，必有雨。

立春暖，凍死百鳥蛋。

立夏三朝督督滴（指雨），晚蠶吃勿及（言桑葉茂也）。

立夏三朝遍鋤田。

立夏三朝掘罷筍。

立夏三朝炒麥香。

立夏三朝霧，家家門前桑葉留一路。

立夏三日扦鋤田。

立夏看夏。

立夏晴一日，農夫不着力。

立夏不下，高掛犂耙。

立夏不下，無水洗耙。

立夏不下，田家莫耙。

立夏不下穀，夏至不種田。

立夏不下田莫耙，小滿不滿種莫管。

立夏不雨，擱起犂耙。

立夏不起塵；起塵好收成。

立夏不起塵；起塵活埋人。

立夏晴，蓑衣笠帽滿田塍。

立夏晴，蓑衣笠帽滿田塍；立夏落，蓑衣笠帽掛簷下。

立夏落，蓑衣笠帽到壁角。

立夏東南沒小橋。

立夏東南少病痾。

立夏東南風，農人樂融融。

立夏東風晝夜晴。

立夏東風少病痾，晴逢初八果生多，雷鳴甲子庚辰日，定主蝗蟲損稻禾。（古四月言）

立夏起東風，田禾收割豐。

立夏起北風，瓜菜園內受辛勤。

立夏吹北風，十個魚塘九個空。

立夏吹北風，地動人疫水泉湧。

立夏西風吹，定有蝗蟲滿地飛。

立夏要下，不下乾斷塘壩。

立夏一番暈，添一番湖塘。（主大水）

立夏日添暈，潮水滿塘勻。

立夏日遇雨，一點值千金；朝暮起東風，只是旱天翁。

立夏有雨禾苗好。

立夏風從西北來，瓜蔬園裏豈徘徊。

立夏凍折腰，一株打一杪。

立夏唔凍，冷到芒種；芒種唔凍，冷到發黃瘇。

立夏酉逢三伏熱，重陽戊遇一冬晴。

立夏浸種，小滿飄秧。

立夏栽薑，夏至離娘。

立夏高粱三節空。

立夏高粱小滿穀。

立夏無乾穀。

立夏稻做病。

立夏見三新。（指大麥、蠶豆、櫻桃。或指芥母、苜蓿、蠶豆。）

立夏芝蔴小滿穀。

立夏得食李，能令顏色美。

立秋不立秋，六月二十頭。

立秋不立秋，葦子科裏看曆頭。

立了秋，把扇丟。

立了秋，把花丟。

立了秋，把地丟。

立了秋，把頭丟。

立了秋，把頭揪。

立了秋，把椒扣。

立了秋，掛鋤鈎。

立了秋，萬事休。

立了秋，一把半把往家揪。

立了秋，兩道溝。

立罷秋，把扇收。

立罷秋，鋤桿丟。

立秋至時梧葉落。

立秋去暑苦無雨，後來六畜有虛驚。

立秋難得一日晴；如果晴，定年豐。

立秋日天氣晴明，萬物不成熟。

立秋無雨一半收。

立秋無雨再添愁。

立秋無雨對天求，萬物田中盡歉收。

立秋無雨似堪憂，萬物雖豐只半收。

立秋無雨甚堪憂，植物徒然只半收；處暑若逢天下雨，縱然結實也難留。（占七月）

立秋雨，白露旱，棉花桃兒如蒜瓣。

立秋有雨，秋收歡喜。

立秋有雨萬物去，處暑有雨萬物收。

立秋落雨廿日旱，廿日之後爛稻稈。
立秋一場雨，遍地是黄金。
立秋三場雨，秕稻變成米。
立秋三場雨，夏布衣裳高掛起。
立秋三天便不同。
立秋三天遍地紅。（指高粱而言）
立秋三日雨，葱蒜蘿蔔一齊收。
立秋十日吃早穀，處暑半月吃晚穀。
立秋十八天，寸草皆結子。
立秋十八天，寸草皆結頂。
立秋十八天，寸草結籽種。
立秋一百，提鐮割麥。
立秋東南風，稻花三開三閉；西南風，五開五閉；西風，七開七閉。

立秋看秋。
立秋見秋，早晚都收。
立秋前後颳北風，稻子收穫定然豐。
立秋西南風，禾稻可倍收。
立秋喜西南，三日收三石，四日收四石。
立秋涼飀飀，經秋熱到頭。
立秋涼颼颼，經秋熱到杪。
立秋後，四十五日浴堂乾。
立秋雷鳴，百日來霜。
立秋打雷蕎麥豐。
立秋聞雷，百日無霜，如種蕎麥，必收滿倉。
立秋胡桃白露梨，寒露柿子來趕集。
立秋胡桃白露梨，寒露柿子紅了皮。
立秋栽葱，白露栽蒜。

立秋不栽葱，霜降必定空。

立秋摘花椒；白露打胡桃；霜降摘柿子；立冬打軟棗。

立秋蕎麥白露花，寒露蕎麥收到家。

立了冬，只有梳頭吃飯工。

立冬此日怕逢壬，高田來年枉費心。

立冬怕逢壬子日，來年高田枉費心。

立冬怕逢壬，來年枉費心。

立冬之日怕逢壬，來歲高田不用耕；若此日逢壬子日，人民凍死在來春。（占十月）

立冬之日怕逢壬，來歲高田枉費心；此日若逢壬子日，災傷疾病苦人民。

立冬先封地，小雪河封嚴。

立冬白菜，小雪菜。

立冬白菜賽羊肉。

立冬白菜肥。

立冬種，收把種。（指麥而言）

立冬不倒針，不如土裏悶。（指麥而言）

立冬不倒股，不如土中孵。

立冬不拔菜，一定受霜害。

立冬不砍菜，必定要受害。

立冬不起菜，莫把老天怪。

立冬不出洞，到老一根蕻。

立冬出葱。

立冬晴，一冬晴。

立冬晴，一冬晴；立冬雨，一冬雨。

立冬晴，養窮人。

立冬晴，柴米堆得滿地剩；立冬落，柴米貴得靈丹藥。

立冬晴過寒，弗要櫃柴積。

立冬無雨一冬晴。

立冬甲子雨，白雪飛千里。

立冬有雨一冬雨，立冬無雨過寒晴。

立冬日下雨，來年定無魚。

立冬一點雨，一個摸魚鴿。

立冬若遇西北風，定主來年五穀豐。

立冬小雪麥三時。

立冬桑葉黃，來年麥上場。

立冬前雪深三尺，來年米價貴十分。

立冬西南百日陰，半晴半雨到清明。

立了冬，麥不生。

冬至長於歲。

冬至長於歲，冬至大於年。

冬至大於年。

冬至大似年。

冬至大於年，小雞大於天。

冬至大於年夜，小雞大於鳳凰。

冬至前，米價漲，貧兒受長養。

冬至前，不結冰；冬至後，凍殺人。

冬至前頭七朝霜，有米無礱糠。

冬至過，地皮破。

冬至逢三戌，爲臘。

冬至陰，遍地似黃金。

冬至後，米價落，貧兒轉消索。

冬至前後，瀉水不定。

冬至前後，灑水不走。

冬至前後，瀝水不流。

冬至前後牛擰塘，來年穀米無處藏。

冬至一陽生，夏至一陰生。

冬至當日回。

冬至日，長偷線。

冬至日子短，夏至日子長。

冬至日子短，兩人吃一碗。

冬至清明一百六。

冬至清明百零六，家家豆子囤滿屋。

冬至百六是清明。

冬至不過不寒。

冬至不過不寒，夏至不過不暖。

冬至不使看鐘點，天光六點暗六點。

冬至逃不出年外。

冬至到時葭灰飛。

冬至離春四十五，百零六日到清明。

冬至遠春四十五，一百六日到清明。

冬至遠春四十五，一百念日到清明。

冬至連夜起九，夏至隔日起時。

冬至十日是新年。

冬至月頭，賣被買牛；冬至月中，無雨無風；冬至月尾，賣牛買被。

冬至在月頭，無被不使愁；冬至在月尾，凍死老烏龜。

冬至在月頭，寒凍年夜交（卽除夕）；冬至在中段，無寒也無霜；冬至在月尾，大寒正二月。

冬至月中，赤膊過冬。

冬至月頭，凍死老狗；冬至月中，無雪無霜；冬至月尾，賣被買牛。

冬至頭，夏至尾，春秋二季吃分水。

冬至雨，年必晴；冬至晴，年必雨。

冬至雨，元旦晴；冬至晴，元旦雨。

冬至三點雨，一年落到底。

冬至無雨一冬晴。

冬至天晴無日色，來年定唱太平歌。

冬至天晴無日色，定主農夫好歲來。

冬至天氣晴，來年果木成；冬至遇大雪，半年果不結。

冬至天氣晴，來年果木成；冬至天氣爽，來年果木廣。

冬至一來，農夫上街；街上走走，金錢都丢手。

冬至隔夜一交霜，來年車㙮當張床。

冬至隔夜一交霜，來年草㙮當張床。

冬至西南百日晴，半晴半雨到清明。

冬至西南百日陰，半晴半雨到清明。

冬至青雲從北來，定主年豐大發財。

冬至東風高田旱，東南東北低田收。

冬至多風，寒冷年豐。

冬至有雲天生病。

冬至有霜年有雪。

冬至有霜，碓頭有糠。

冬至遇大雪，來年果不結。

冬至種麥，夏至好嚼。

冬至楊柳青，來年米價賤。

冬節烏，年夜酥；冬節紅，年夜濕。

冬節紅，元宵濕；冬節烏，元宵酥。

冬前雪，好比針尖鐵。

冬前落雪，針尖兒刮鐵。

冬前不見冰，冬後凍煞人。

冬前不結冰，冬後凍死人。

冬前凍破地，冬後不蓋被。

冬前打一棒，冬後沒指望。

冬前五，趕出土。

冬前霜多來年旱，冬後霜多晚禾宜。

冬前米價漲，貧兒受長養；冬後米價落，貧兒轉消索。

冬前米價漲，窮人男女到好養；冬前米價落，窮苦人家越蕭索。

冬天落雨麥的糞；春天落雨麥的病。

冬天日子轉簸箕，兩人共把生蓄箕。

冬天南風兩三日，後天必有雪。

冬天南風三日雪。

冬天撩麥蓋層皮，春天撩麥還個禮。

冬無雪，麥不結。

冬無宿雪，麥不燠沐。

冬雪是被；春雪是鬼。

冬雪是麥被；春雪是麥鬼。

冬雪是寶；春雪是草。

冬雪財；春雪晦。

冬雪年豐；春雪無用。

冬雪抵黃金；春雪少臨臨。

冬雪不烊，窮人飯糧；春雪不大，餓斷狗腸。

冬甲子雨，白雪飛千里。

冬月雪花六出；春月雪花五出。

冬有三尺雪，人道十年豐。
冬有大雪是豐年。
冬季南風三日，大雪必有六出。
冬季見三白，田翁笑嚇嚇。
冬季暖則雨。
冬季暖則雨，夏季冷亦雨；蒸暑時，多風雨。
冬寒三白是豐年。
冬寒雪後晴。
冬寒有霧露，無水做酒醋。
冬寒栽桑桑不知。
冬寒茅草枯，割來好蓋屋。
冬冷不是冷，春冷凍死犢。
冬冷弗算冷，春冷凍斷浜。
冬冷弗算冷，春冷凍煞丐。（丐作小牛解，紹語）
冬冷弗實冷，春冷凍煞犢。
冬天卯，唔（不）見草。
冬天一次搯，抵得春天一次澆。
冬天日子短，兩人共一盌。
冬卯不見草，春卯天大光。
冬裏雷，屍成堆。
冬裏打雷，人死成堆。
冬月雷，人死用耙推。
冬雷震驚，年豐人亂動刀兵。
冬臘有雨不爲多，明年定主好田禾。
冬不藏精，春必瘟病。
冬不可廢葛，夏不可廢裘。
冬水不去，夏水不來。

冬走穀路夏走岡。
冬走淤路夏走沙。
冬走十里不明，夏走十里不黑。
冬看果木春看瓜。
冬看果木春看瓜，五月十五晴棉花。
冬吃頭，夏吃尾，春秋二季吃分水。
冬吃蘿蔔夏吃薑，郎中先生賣老娘。
冬凌響，蘿蔔漲。
冬宜穀堆夏宜灘。
冬青花未破，黃梅雨未過；冬青花已開，黃梅雨不來。
冬霧陰；夏霧晴。
冬南夏北，有風便落。
四月初一晴，條條河裏好種菱。
四月初一落，條條河裏乾罄罄。
四月初一見青天，高山平地任開田。
四月初一滿地塗，丢了高田去種湖。
四月初一見青天，高山平地好種田；四月初一落點雨，丢了高田去種湖。
四月初三晴蕩蕩，鯢魚進竈堂；四月初八雨糢糊，高低田裏種茄科。
四月初四日秧生日，喜晴。
四月初四落了神仙雨；早賣新絲糴賤米。
四月初八雨，麥田偸麵鬼。
四月初八晴燎焇，高田好張鈎；四月初八烏漉禿，不論高低一概熟。
四月初八晴料峭，高田好張鈎；四月初八烏漉禿，不論上下一齊熟。

四月初八晴，鮎魚游到灶頭下；四月初八烏塗塗，高低田裏都盡熟。

四月初八晴枯枯，闊嘴鯢魚游到竈窠裏；四月初八烏騰騰，高低田中一樣熟。

四月初八晴，瓜果好收成。

四月八，凍煞鴨。

四月八，亂穿紗。

四月八，棗芽發。

四月八，鮮黃瓜。

四月八，麥芒乍發。

四月八，打楝花。

四月八，打楝花，打罷田裏種芝麻。

四月八，莧菜摍，四鄉人家把秧插。

四月八，黃瓜扎；四月九，黃瓜扭。

四月八日無雨娘，揹車踏水到重陽。

四月一二日有雨麥空忙；三四日有雨麥疸黃。

四月十二下，農人停犂止耙。

四月十六雲霴霴，高鄉頭上縫袋袋。（言天旱年荒，將流離他徙也。）

四月十六月上早，低田好收稻；月上遲，高田剩者稀。

四月十六清亮，乾枯墩裏摸蚌。

四月芒種，不到芒種；五月芒種，必到芒種。

四月芒種才搭鐮；五月芒種不見田。

四月芒種不見面，五月芒種割一半。

四月芒種不到芒，五月芒種一半場。

四月芒種麥在場，五月芒種麥在地。

四月芒種麥在前，五月芒種麥在後。

四月芒種麥割完，五月芒種麥開鐮。

四月有雨定豐荒：初一初二麥疸黃；初三初四缺軍糧；初五初六霜降早；初七初八打滿倉；初九初十萬石糧。

四月飽雨五月旱，六月連陰吃飽飯。

四月南風大麥黃。

四月南風大麥黃，纔了蠶桑又插秧。

四月無立夏，新米糶過老米價。

四月天難做，蠶要溫和麥要寒。

四月霧，米麥滿倉庫；二月霧，父子不相顧。

四月不拿扇，急煞種田漢。

四月菜花湖。

四月種蔴，着地生杈；五月種蔴，標頭開花。

四九中心臘，河裏凍煞鴨。

四九雪，溝溝裂。

四九雨雪殺蟲口，七九雨雪養蟲口。

四九三十六，行人隨路宿；六九五十四，樹頭青滋滋；七九六十三，路上行人脫衣衫；八九七十二，黃狗躲陰地。

四季不要甲子雨。

四季甲子不宜雨，四季丙寅不宜晴。

四季東風皆屬水。

四季東風是雨娘。

四季東風四季下，就怕東風起不大。

四季東風都會晴，只怕東風起響聲。

白露日雨，來一路，苦一路。

白露日落雨，到一處，壞一處。

白露日雨爲苦雨，稻禾沾之多秕糯，蔬菜沾之多苦味。

白露日晴，稻有收成。

白露日，西南風，稻不好。

白露日，西北風，棉花收成好。

白露日，東南風，棉不好。

白露雨，下一處，苦一處。

白露雨，有穀做無米；白露暘，有穀無倉裝。

白露雨過看早麥。

白露下雨，路白卽雨。

白露無雨，百日無霜。

白露裏雨，到處壞處。

白露落，路白就要落。

白露前是雨，白露後是鬼。

白露難得十日晴。

白露晴三日，礱糠變白米。

白露身不露。（言白露天氣不熱，不必赤膊也。）

白露身勿露，赤膊當豬玀。

白露白瀰瀰，秋分稻頭齊；寒露佳水稻，霜降一齊倒。

白露白迷迷，秋分稻秀齊；寒露無老少，霜降一齊倒。

白露白迷迷，秋分稻秀齊；寒露無青稻，霜降一齊倒。

白露白飛飛，秋分稻透齊。

白露不出，寒露不熟。（指穀禾）

白露不秀，寒露不收。（指秋禾）

白露不出頭，割倒喂老牛。

白露早，寒露遲，秋分種麥正當時。

白露早，寒露遲，秋分種麥最相宜。

白露三朝鵝毛菜。

白露三朝花上行。

白露打核桃，秋分打棗兒。

白露打桃桃，秋分下雜梨。

白露斫高粱，寒露打完場。

白露看花秋看稻。

白露荻出穎。

白露做得車場光，三石一畝穩丁當。

白露蕎麥秋風菜。（指播種時期）

白露麥，不用糞。

白露割穀子，霜降摘柿子。

白露棗兒兩頭紅。

白雲七月中，霜降早來侵。

未霜先霜，糶米人像霸王。

未蟄先蟄，勿冰勿肯晴。

未蟄先蟄，人吃狗食。

未蟄先蟄，陰濕一百念日。

未蟄先雷，一百零八天陰濕。

未蟄先雷須見冰。

未到驚蟄一聲雷，家家田稻無收成。

未到驚蟄一聲雷，四十九日雪花飛。

未到驚蟄先響雷，四十五日烏暗天。

未到驚蟄雷先鳴，必有四十五日陰。

未食五月糭，破裘唔甘放。

未喫端午糭，布襖未可送。

未喫端午粽寒衣弗可送。
未秋先秋，踏斷眠牛。
末伏雨大多種麥。
去暑剪，白露割穀。
去暑不露頭，割下喂老牛。
去暑不出頭，割例養老牛。
打春一百，打鐮割麥。
打春晴一天，農夫好種田。
打罷春，有陽氣。
打罷春，陽氣透，不怕富人穿的厚。
打罷春又一冬，樹木琳琅都發青。
甲子年，好種田；羊馬年，不煩難。
丙丁多主旱，戊己損田園，庚辛人馬動，壬癸水連天。（指正月元旦而言）

出太陽落雨做黃梅。
出九南風三伏旱。
出九北風三伏雨。

〔六畫〕

年怕當午，夜怕十五。
年怕中秋月怕半。
年朝黑鹿禿，高低鄉盡熟。
年初三，一朝霜，積米積了糠。
年八風，刮到三月中。
年年三月二十八，家家戶戶吃甘蔗。
年過九月九，大夫抄着手，家家吃蘿蔔，病從何處有。
年尾到，性子躁。

年年九(言十二月小)，家家有。

年年高，節節高，稻棚叠起半天高。

伏裏雨多，穀裏米多。

伏裏三場雨，薄地長好麻。

伏裏三場雨，秋田不用看，鋤了打八斗，不鋤打一擔。

伏裏三場雨，秋田不用看，不鋤打八斗，鋤了打一擔。

伏裏不下雨，黃豆貴似米。

伏裏西風，稻管生蟲。

伏裏西北風，田穀個個空。

伏裏西北風，臘裏船不通。(言結冰也)

伏裏東風海(或作井)底乾；伏裏西風水連天。

伏裏迷霧，要雨到白露。

伏裏霧，殺蟲豸；秋裏霧，出蟲豸。

伏裏多酷熱，冬天多雨雪。

伏裏蓋被，田裏無米。

伏裏不熱，田裏無米。

伏裏天，瓦隴不得乾。

伏裏種豆嫌太晚。

伏裏種豆，收也不厚。

伏天有雨多種麥。

伏天無夜雨。

伏天地似籠。

伏天刮破皮，勝似秋後犂一犂。

伏天出巧雲。

伏天弗落醬，一年食淡飯。

伏天蚊多收稻子。

伏上蒜，水上串。

伏中滿地泥，無人再說飢。

伏前伏後，穀黍蕓豆。

有稻無稻，處暑放倒。

有稻無稻，重陽放倒。

有稻無稻，霜降放倒。

有穀無穀，且看四月十六。

有米無米，且看三個十二。

有利無利，但看三個十二。

有利無利，但看二月十二。（占果實）

有利無利，但看四月十四日裏。

有錢難買二八月。

有錢難買五月旱，六月連陰吃飽飯。

有春風，才有夏雨。

早秋涼颼颼，晚秋熱死牛。

早秋涼颼颼，晚秋曬死牛。

早秋耕，晚春耕。

早秋收，晚秋丢。

早秋丢，晚秋收。（指蕎麥而言）

早立秋，涼颼颼；夜立秋，熱烌烌。

早立秋，涼颼颼；晚立秋，熱到頭。

早立秋，涼悠悠；夜立秋，熱浮浮。

早起秋，涼修修；黃昏秋，熱愁愁。

早燒清明晚燒冬。（指祭祖而言）

早稻清明浸種，立夏插秧；中稻立夏浸種，芒種插秧。

早田播穀雨，晚田播處暑。

早揀芒種晚揀霉。

早麻四月八，遲麻五月節。

吃過端午飯，棉襖不可送。

吃過端午糉，棉衣才不用。

吃過端午糉，棉衣完整送。

吃了端午糉，棉衣送。

吃了端午糉，洗浴腹不痛。

吃得端午糉，還要凍三凍。

吃了暑伏飯，一天短一線。

吃罷數九飯，一天長一線。

吃了冬至飯，一天長一線。

吃過冬至糰，夫妻樂團圓。

至（冬至）前米價漲，貧兒有處養；至前米價落，窮漢占消索。

交春落水（或作雨）到清明。

交春晴一日，農夫耕田不用力。

交秋一場雨，遍地是黃金。

交了七月節，夜寒而白熱。

交冬數九。

交一九，長一手；數一伏，短一鋤。

先社後分，五穀打墩；先分後社，有糧不借。

先分後社，米價不算貴；先社後分，白米似錦墩。

先社後秋分，穀麥收十分；先秋分後社，收成定有差。

先天與後天，不必問神仙；但看立春日，甲乙是豐年。

收花不收花，但看正月二十八。

收花不收花，但看正月三個八。

收秋不收秋，先看五月二十六；二十六日滴一點，趕緊上會買大盌。

收尖(卽麥)不收尖，但看正月二十三；收穀不收穀，但看正月二十五；收豆不收豆，但看正月二十六；收花不收花，但看正月二十八。

收穀不收穀，三月看植穀。

收不收，但看六月二十頭。

好愁不愁，愁個六月無日頭。

好年不如壞五月；好五月不如壞秋天。（五八等月宜雨之意）

多時沒褲着，過了小陽春。

百年難遭歲朝春。

行得春風望夏雨。

行得春風有夏雨。

行得春風，自有夏雨來。

行得春風，自有大雨來。

羊馬年，廣種田，提防雞猴那二年。

羊盼穀雨牛盼夏，人過芒種說大話。

羊盼清明牛盼夏，莊稼老盼的是麥罷。

仲春之月，雷乃發生；仲秋之月，雷乃收聲。

〔七畫〕

初一落雨初二晴，初三落雨成泥糞。

初一落雨初三晴，初三落雨月勿晴。

初一落雨井泉枯；初二落雨滿太湖；初三落雨斷板雨。（指四月而言）

初一雨落井泉浮，初二雨落井泉枯；初三雨

落連太湖。（指五月而言）

初一下雨初二晴，這個猧子買不成。

初一下雨本月旱，十五下雨本月濫。

初一陰，初二下，要晴須到十七八。

初一陰天，半月不乾。

初一逢壬多雨水。

初一月半午時潮。

初一月半子午潮。

初一十五，潮滿正午；初八廿三，滿在早晚；初十廿五，潮平日暮。

初一不見面，初二一條線。

初一東風六畜災，若逢大雪旱年來；但得此日晴明好，分付農家放下懷。（占十二月）

初一東風六畜災，若逢大雪旱年來；但得此日晴明好，棉絲五穀積成堆。

初一西風盜賊多，更兼大雪有災魔；冬至天晴無日色，來年定唱太平歌。（占十一月）

初一拜殿神；初二拜丈人；初三拜屋底；初四拜鄰舍；初五完珍（即收拾果品）；初六上墳；初七沒事幹；初八燎火盤；初九嬉嬉；初十東皇殿殺大豬。（指正月而言）

初一初二眉毛月；月半十六正團圓；十八九，坐凳守；二十映映，月上一更；廿二三，月上半夜餐。

初二三，月牙尖。

初三夜裏月，有搭無一般。

初三初四眉毛月；初八廿三半夜月；月半十六兩頭紅；十七八，殺隻鴨；十八九，坐着守；二十奝奝，月上一更。

初三初四眉毛月；十五十六大團圓；十七八，坐可挖；十八九，坐可守；二十長長，月上一更廿一難算，月上更半；廿二三，月上山頭中半擔；廿五六，月上山頭炊飯熟；廿七八，月上山頭殺隻鴨。

初三初四蛾眉月；初八廿三半夜月；月半十六兩頭紅；十七半殺隻鴨；十八九，坐着守；二十天明，月上一更；廿一二，月上二更二；廿二三，月上半闌盞；廿五六，月上四更足。

初三四，蛾眉月；十五六，正團圓；廿一難算，月亮更半；廿三四，月亮四更四；廿五六，月亮高高，山頭煮飯吃。

初三月下有横雲，初四日裏雨傾盆。

初三初四不見日，咕哩咕嚨得半月。

初三初四雨，麥從泥裏取。

初三日頭初六雪。（指十二月而言）

初三日（三月）田雞上晝叫，上鄉熟；下晝叫，下鄉熟；叫一日，上下一齊熟。

初三雨，桑葉無人取；初三晴，桑葉樹上掛銀瓶。（指三月而言）

初三落雨初六雪。

初三十八眞大汛。

初三十八點心潮。

初五二十夜半潮，天亮白遥遥。

初五初六月手子，初七初八半鍘子。

初七初八看穿星。

初七無雨下秧晴；十七無雨蒔秧晴；廿七無雨收稻晴。（指三月而言）

初八廿三半夜月。

初八廿三眞小汛。

初八廿三卯酉潮。

初八廿三，卯酉泛灘。

初八廿三潮，早晚到餘姚。

初八夜裏參星，月半夜裏紅燈。

初八（指二月）朝有西南風，主豐稔。

初十潮，嘸得搖。

初春無事修好堰。

初暑找黍。

初伏有雨，伏伏有雨。

初伏不種豆，種豆打不够。

芒種夏至，有食懶去。

芒種夏至天，有食要人牽。

芒種芒頭脫，夏至水拖秧。

芒種忙忙種，夏至穀懷胎。

芒種有雨收麥子，夏至有雨收豆子。

芒種有雨一場空。

芒種無雨麥不收，夏至無雨豌豆丢。

芒種無雨田空種。

芒種無雨空種田。

芒種無青棵，小滿吃半枯。

芒種無雷是豐年。

芒種逢雷物質茂。

芒種一聲雷，時中三日雨。

芒種雨，百姓苦。

芒種遇雨，年豐物美。

芒種宜雨但須遲。

芒種下雨火燒溪，夏至下雨路濟泥。

芒種火燒天，夏至雨連綿。

芒種赤煞煞（晴），大水十八交。

芒種天旱麥有籽，夏至有雨主大收；處暑有（或作無）雨萬人愁。

芒種颳北風，旱斷青苗根。

芒種前後，背夫逃走。

芒種端午前，處處有荒田。

芒種逢壬必霉。

芒種逢壬入梅，夏至逢庚出梅。

芒種逢壬便立霉，遇辰則絕。

芒種落秧不爲早，夏至落秧不爲遲。

芒種日下種，不是乾死泥鰍，就是爛斷犂扣。

芒種栽秧家不家，夏至栽秧滿天下。

芒種種黍稷。

芒種種蘆穄（即高粱），不够飼雄雞。

芒種稻冗冗。

芒種豆，夏至稻。

芒種芝麻夏至豆。

芒種芝麻夏至豆，秋分種麥正時候。

芒種不出頭，不如拔了喂老牛。（指棉花而言）

芒種見麥楂。

芒種一半刈。

冷在二九，熱在中伏。

冷在三九，熱在中伏。

但得立春晴一日，農夫耕田不用力。

改用陽曆眞方便，二十四節極好算：每月兩節日期定，年年如此不改變；上半年來六廿一，下半年來八廿三；諸位熟讀這幾句，以後憲書不必看；一月大寒隨小寒，若種早稻須耕田；立春雨水二月到，小麥地裏草除完；三月驚蟄又春分，稻田再耕八寸深；清明穀雨四月過，油菜花黃麥穗青；五月立夏望小滿，割麥鋤禾莫要晚；芒種夏至六月到，黃梅雨中難睜眼；七月大暑接小暑，紅日如火鋤草苦；九月白露又秋分，收稻再把麥田耕；十月寒露霜降來，黃豆白薯多收清；立冬小雪農家閒，拿去米麥換洋錢；只等大雪冬至到，把酒圍爐過新年。

　　辰戌丑未葉如金，子午卯酉兩平平，寅申巳亥如泥土；清明之日看分明。（論桑葉價）

〔八畫〕

雨打墳頭錢（乃指清明日而言），一年好種田。

雨打墓頭錢，麻麥不見收；雨打墓頭錢，今年好種田。

雨打清明節，大旱三個月。

雨打清明節，豆兒拿手揑。

雨打清明節，麥子無法紮；雨打春分節，就把麥子殺。

雨打霉頭，無水飼牛。

雨打霉頭，無雨飲牛。

雨打霉頭，無水飲牛；雨打霉額，河底開拆。

雨打霉頭，扳轉眠牛；雨打霉額，河底開拆。

雨打霉頭，溪水斷流。

雨打霉頭，無水流犂頭。

雨打黃霉頭，田岸變成溝。
雨打黃霉頭，四十五日無日頭。
雨打黃霉脚，井底開麻拆。
雨打黃霉脚，田缺勿要作。
雨打霉尾巴，大水滿人家。
雨打秋頭，曬殺鱔頭。
雨打秋頭，曬殺穗頭。
雨打秋頭，無草飼牛。
雨打秋頭廿日旱，再過廿日爛稻稈。
雨打秋丁卯，田中斫爛稻。
雨打伏頭，乾死芋頭。
雨打春丁卯，十人九臥倒。
雨打冬丁卯，石人餓得跌跌倒。
雨打冬丁卯，百鳥都餓倒。

雨打冬丁卯，飛禽不得飽。
雨打正月八，落雨落到繭頭白；雨打正月念，有麥也無麵。
雨打正月半，一場弗好看。（主歲歉）
雨打正月念，棉花不滿擔。
雨打四月八，塘底挖又挖。
雨打立夏，沒水洗耙。
雨灑芒種頭，陰溝無水流。
雨芒種頭，河魚流淚；雨芒種脚，魚捉勿着。
雨落小暑頭，乾死黃秧渴死牛。
雨淋小暑頭，七七四十九日斷水流。
雨不梅，無米炊。
雨滴飄墳紙，麥像螳螂屎。
雨過西南殺麥刀。

雨雪年年有，不在三九在四九。

雨送九，家家有風送九，扶牆摸壁走。

雨水，種落水。（言種稻）

雨水節，接柑橘。

雨水甘蔗節節長，春分橄欖兩頭黃；穀雨青梅口中香，小滿枇杷已發黃；夏至楊梅紅似火，大暑蓮蓬水中揚；處暑石榴正開口，秋分菱角舞刀槍；霜降上山採黃柿，小雪圓眼荔枝配成雙。

兩春夾一冬，牛欄九個空。

兩春夾一冬，夏布好遮風。

兩春夾一冬，無被暖烘烘。

兩冬合一冬，無被暖烘烘。

社日有雨是豐年。

社公勿吃乾糧，社婆勿吃舊水。

社在春分前，必定是豐年；社在春分後，窮人加上愁。

長江無六月。

長不盡的五月，短不過的五月。

長夏風勢輕，舟船最可行。

迎梅一寸，送梅一尺。

迎梅雨，送時雷，送了去，再不回。

來到驚蟄一聲雷，家家田稻無收成。

金九月，銀十月。

和歌叫過六月節，高田低田不塡秧。

東凍圪粱秋凍凹，避過秋分避不過社。

東方黑雲春多雨，南方主夏，西方主秋，北方主冬。（以元旦日推測）

爭秋奪麥亂紅花。

〔九畫〕

春甲子，怕戊辰，木撞土，大雨至。

春甲子，牛羊凍死；夏甲子，赤地千里；秋甲子，撐船上市。

春甲子，犂耬高掛；夏甲子，平地撐船；秋甲子，穗頭發芽；冬甲子，雪積如山。

春甲子雨，赤地千里；夏甲子雨，撐船就市；秋甲子雨，禾生兩耳；冬甲子雨，牛羊凍死。

春甲子雨，牛羊凍死；夏甲子雨，乘船入市；秋甲子雨，禾頭生耳；冬甲子雨，飛雪千里。

春甲子雨，麥爛蠶死；夏甲子雨，撐船入市；秋甲子雨，禾稻生耳；冬甲子雨，雪飛千里。

春甲子落雨，秧黃麥死；夏甲子落雨，河裂千里。

春雨甲子，乘船入市；夏雨甲子，赤地千里；秋雨甲子，禾頭生耳；冬雨甲子，飛雪千里。

春雨甲子，赤地千里；夏雨甲子，撐船就市；秋雨甲子，禾生兩耳；冬雨甲子，牛羊凍死。

春雨甲子，秧黃麥死；夏雨甲子，河頭擺市；秋雨甲子，樹上生刺；冬雨甲子，風雨雪子。

春雨甲申，菜麥無根；夏雨甲申，弗動車輪；秋雨甲申，稻像麻筋；冬雨甲申，大雪紛紛。

春雨陷馬蹄，秋後無籽粒。

春雨樹頭生。

春雨肥似油。

春雨貴似油。

春雨貴似油，有點不發愁。

春雨貴似油，下得多咧却發愁。

春雨貴似油，多下農人愁。

春雨貴似油，秋雨似篩漏。

春雨貴似油，秋旱似刀刮。

春雨貴似油，夏雨遍地流；春不下，用水澆；夏雨大，穿渠道；你看莊稼好不好。

春雨變夏雨。

春雨一犂足。

春雨不沾泥。

春雨不過夜，過夜是要賴。

春雨溢了隴，麥子扁豆丢了種。

春雨如錢；夏雨調勻；秋雨連綿；冬雨高懸。

春雨人無食；夏雨牛無食；秋雨魚無食；冬雨鳥無食。

春壬子雨人無食；夏壬子雨牛無食；秋壬子雨魚無食；冬壬子雨鳥無食。

春當壬子，秧爛人死。

春丙寅暘無水撒秧；夏丙寅暘，旱陂旱塘；秋丙寅暘，晒穀上倉；冬丙寅暘，無雪無霜。

春丙子晴，無水下秧；夏丙子晴，乾斷長江；秋丙子晴，乾穀上倉；冬丙子晴，無雪無霜。

春分晝夜平。

春分晝夜停。

春分秋分，晝夜相停。

春分秋分，晝夜平分。

春分臘春社，千米在山下；春社臘春分，禾米出大村。

春分社日晴，勤人也同懶人平；春分社日雨，勤人做去暫暫(或作站站)起。

春分有雨家家忙。

春分有雨家家忙，先種麥子後插秧。

春分有雨少病人。

春分有雨病人稀。

春分有雨發，醫生盡可殺；春分無雨下，醫生笑哈哈。

春分落雨到清明，清明愛雨又來晴。

春分日西風，麥貴；東風麥賤。

春分栽芍藥，到老不開花。

春社往南，秋社往北。

春社無雨莫種田。

春打五九尾，家家吃白(或作大)米；春打六九頭，家家賣老牛。

春打五九尾，不種穀子也吃米。

春打五九尾，農人活變鬼；春打六九頭，貧富不用愁。

春打五九尾，吃飯瞎糊鬼；春打六九頭，窮吃皆不愁。

春打五九尾，窮人苦斷腿；春打六九頭，貧漢傲王侯。

春打六九頭。

春打六九頭，五九尾。

春打六九頭，不種芝麻就吃油。

春打六九頭，麥稻必有收。

春打六九頭，麥子必有收。

春打六九頭，稻子沒有收。

春打六九頭，豆麥無得收；春打六九末，豆麥朝裏撥。

春打六九頭，春花十足收；春打六九末，春花無一粒。

春打六九頭，豌豆小麥無得收；春打五九末，圓豆小麥就像棗子核。

春打六九頭，家家勿要愁；春打六九尾，家家活見鬼。

春天後母面。

春天晚娘臉。

春天無爛路。

春天面，隨時變。

春天勒馬等路乾。

春天不問路，二八亂穿衣。

春天不問路；問了路，就要住。

春天不問路，夏天等雨住。

春天童子面，晴雨日幾變。

春天日子長，燈盞舀乾糖。

春天客人實難做，單衣夾被兼皮貨。

春天的風，秋天的雨。

春天多風，秋天多雨。

春天一陣風，秋後三場雨。

春天霧重重，三日雨必到。

春天霜，不露白；露了白，就發毒。

春天花開時，風名花信風；如若風無信，則其花不成。

春天蟾蜍磨牙，莫驚無水洗耙。

春風毒似蛇。

春風踏脚報。

春風處處同。

春風裂石頭。

春風吹破玻璃瓦。

春風不動地不開。

春風對秋雨。

春風不入皮。

春風不着肉，凍得孩兒哭。

春風不着肉，夏雨隔田塍。

春風不着地，夏雨隔田塍。

春風擺麥浪。

春風擺柳人照舊。

春風前後怕春霜，一見春霜麥苗傷。

春風自下上，夏風橫雲空；秋風自上下，冬風着地行。

春東夏西，騎馬送蓑衣。

春東風，雨祖宗。

春東風，雨家公。

春東風，雨公公。

春東風，雨太公。

春東風，解冰凍。

春東風，雨祖宗；夏東風，燥鬆鬆。

春東風，雨祖宗；夏東風，井底空。

春東風，雨祖宗；夏東風，池塘空。

春南風，雨鼕鼕；夏南風，一場空。

春南夏北，有風必雨。

春南夏北，有風必雨；春東夏西，騎馬送蓑衣。

春南晴，夏南雨。

春南夏北並主雨，一直旱到五月終。

春夏風勢輕，舟船最可行。

春夏東南風，不必問天公；秋冬西北風，天光可喜融。

春夏西北風，夜來雨不從；秋冬西北風，天光晴可喜。

春夏西北風，夜來雨不從；秋冬東南風，雨下不相逢。

春夏秋冬四季天，風霜雨露緊相逢。

春發北，雨嘓嘓。

春發東風連夜雨。

春己卯風樹頭空；夏己卯風禾頭空；秋己卯風水裏空；冬己卯風欄裏（指六畜）空。

春霧狂風夏霧熱，秋霧連陰冬霧雪。

春霧隔宿，夏霧斷滴流。

春霧當日晴。

春霧日，夏霧熱，秋霧涼風冬霧霜。

春霧雨，夏霧日，秋霧涼風冬霧雪。

春霧冷，夏霧熱，秋霧涼風冬霧雪。

春霧晴，夏霧愁，秋霧涼風冬霧雪。

春霧晴，夏霧落，秋霧不收雨颯颯。

春霧陰，夏霧旱，秋霧連陰吃飽飯。

春大雷，春雨隨。

春雷十日寒。

春雷須見冰。

春雹主豐年；夏雹殺雞犬；秋雹禾不熟遲；冬雹棟樑死。

春凍圪塔秋霜凹。

春霜連三白，晴來好旭旮。（旭旮讀藠辣，言必熟極。）

春霜三日白，晴到割大麥。

春霜連三日，晴來好耙田。

春霜三潮白，晴該割大麥。

春霜勿露（或作出）白，露白要赤脚。（主雨）

春霜難露白，露白要赤脚；連日三朝白，晴到割大麥。

春霜多，必主旱。

春霜不隔宿。

春霜夏癩痢。

春雪落一箬，河水漲一尺。

春雪落一箬，河水漲三尺。

春雪不露白；露到三交白，晴到割大麥。

春雪不瞞路，瞞路難開走。

春雪不一天。

春雪眼前花。

春雪如跑馬。

春雪塡滿溝，夏田全不收。

春寒多雨水。

春寒多雨水，春暖百花魁（或作香）。

春寒雨丢丢。

春寒雨起，冬雨汗流。

春寒雨起，夏寒絕雨。

春寒有雨，夏寒陰。

春寒有雨，夏寒斷滴。

春寒致雨，夏寒絕流。

春寒四十五日。

春寒四十五，貧兒市上舞；貧兒且莫誇，且過桐子花。

春寒麥薄收。

春寒凍死老牛精。

春冷雨水多。

春冷多雨水。

春冷天不晴。

春季寒冷，夏季蒸熱，秋忽清涼，冬忽温煖，都主陰雨（或作雨雪）。

春旱不算旱，秋旱減一半。

春旱一包籽，秋旱一包秕。

春旱穀滿倉，秋旱斷種糧。

春旱穀滿倉，夏旱斷種糧。

春無三日晴。

春無三日晴，地無三里平。

春暖百花香，腿骨三秃生。

春暖百花香，腰骨三段生。

春暖百花香，睡死老婆娘。

春暖百花香，睡煞懶婆娘。

春要暖，秋要凍，一年四季不害病。

春不種，秋不收。

春不減衣，秋不加冠。

春得一犂雨，秋收萬石糧。

春水淹蘆芽；梅水溺死小苗秧。

春前有雨花開早，秋後無霜葉落遲。

春耕夏耘，秋收冬藏。

春耩深，夏耩淺。

春耩肎頭夏耩皮。

春糠如草，春糠如寶。

春煤臘炭。

春灰臘糞。

春雞臘鴨子。

春牛踏臘雪，河底要開坼。（主旱）

春牛踏臘雪，河底要拆拆。

春牛無絲力。

春牛要露，冬牛要霧。

春狗秋猫，性命難逃。

春狗吠，冬狗睡，秋狗精靈，夏狗發烏蠅。

春臭夏蝨冬不眠。（指狗身而言）

春滿堂，夏一半，秋零落，冬不見。

春緊夏鬆秋不問。

春花不熟，田夫人要哭。

春花熟，半年足。

春三夏四冬八遍。

春蠶不吃小滿葉，夏蠶不吃小暑葉。

春糞難得熱，秋糞難得乾。

春蛀竹，冬蛀木。

春間無事，挑沙堡肥地。

秋前一根絲，秋後報九枝。

秋前十天秧，秋後十天稻。

秋前鱟（即虹），鱟米縠下雨；秋後鱟，鱟米縠上去。

秋前虹，米縠來；秋後虹，米縠去。

秋前魰魰（即虹），米縠下雨；秋後魰魰，米縠上去。

秋前北風秋後雨，秋後北風雨漣漣。

秋前北風秋後雨，秋後北風遍地乾。

秋前北風秋後雨，秋後北風乾到底。

秋前北風秋後雨，秋後南風雨團團。

秋前不乾稻，秋後莫懊惱。

秋前乾草，秋後乾稻。

秋前三天沒得割，秋後三天割不了。

秋前拔稗收租放債；秋後拔稗，譬似買柴。

秋前生蟲損一莖，發一莖；秋後生蟲，損了莖，無了一莖。

秋前無雨水，白露往來淋。

秋後北田乾裂。

秋後北風田乾裂。

秋後南風當時雨。

秋後雷多，晚禾少收。

秋後雷多籽不實。

秋後多雷，番禾少收。

秋後加一伏。

秋後好耘田。

秋後蝦蟆叫，乾得犂頭跳。

秋分在社前，斗米換斗錢；秋分在社後，斗米換斗豆。

秋分在社前，斗米換斗錢；秋分在社後，斗米換斗米；分社同一日，低田盡有差。

秋分後社，白米遍天下；秋社後分，白米像錦墩。

秋分白雲多，處處好田禾。

秋分天氣白雲來，處處欣歌好稻栽。

秋分天氣白雲多，處處歡歌好田禾。

秋分天氣白雲多，處處欣歌好晚禾；只怕此

時雷電閃，冬至米價道如何。（占八月）

秋分不出頭，割來好飼牛。（占晚稻）

秋分不出頭，割麥好飼牛。

秋分不收葱，霜降必定空。

秋分不種田，遇住吃半年。

秋分晝夜平。

秋分麥入土。

秋分宜種麥。

秋分見麥苗。

秋分種麥，前十天不早，後十天不晚。

秋分種菜小雪醃。

秋分黍子寒露穀。

秋分黍子寒露豆。

秋分過耳。

秋分晴到底，碧糠會變米。

秋分微雨或陰天，來歲高低大熟年。

秋分蘼蘼割不得，寒露穀子等不得。

秋雨夾條路。

秋雨不蓋天。

秋雨瘦馬牛。

秋雨遙遙，曬殺慢稻。

秋雨只管淋，穀子要返青；黍子返青收一石，穀子返青不見面。

秋霧涼風。

秋霧連陰夏霧晴，旱天雨露（或作霧）是雨信。

秋風時節白雲多，處處歡聲好晚禾。

秋風擺籽。

秋風一來到，烏臼格外好。

秋寒涼風起。

秋寒涼風起；秋後南風當時雨。

秋東北，爛草屋。

秋冬西北風，天光晴可喜。

秋冬東南風，雨下不相逢；春夏東南風，不必問天公。

秋冬食麝，春夏食羊。

秋丙落雨稻生芽。

秋丙申烊烊，曬穀上。

秋天怕夜晴。

秋天草，莫打倒。

秋季有了一場雨，賽過唐朝萬斛珠。

秋初有了一場雨，賽過唐朝一囤珠。

秋旱如刀剮。

秋熱損稻，涼則必熟。

秋不涼，籽不黃。

秋涼夏罷。

秋涼夏熱。

秋收冬藏。

秋收稻，夏收頭。

秋又秋，六月二十六。

秋九八月亂穿衣。

秋至滿山多秀色，春來無處不花香。

秋社後秋分，米麥收十分；秋分後秋社，收成定有差。

秋雷打敗陣。

秋霹靂，損晚穀。

秋孛鹿，損萬斛。

秋老虎。

秋月分外明、

秋甲子連陰，夏甲子旱，壬子癸丑水連天。

秋麥不交寒露節，就怕來年有春雪。

秋道士，夏郎中。

秋蟲預先十日叫，換棉老老折了腰。（言棉花豐收）

秋耕要早，春耕要遲。

秋雞晚發財。

重九雨，米成脯。

重陽温暖，稻草一捆值千金。

重陽濕漉漉，糧草千錢束。

重陽有雨收乾稻，重陽無雨收濕稻。

重陽無雨一冬晴，重陽有雨一冬陰。

重陽無雨望十三，十三無雨一冬晴。

重陽無雨盼十三，十三不下一冬乾。

重陽無雨怕（或作看）十三，十三無雨一冬乾。

重陽無雨立冬晴，立冬無雨一冬晴。

重陽無青稻，霜降一齊倒。

重陽風一發，家家新米吃着。

重陽遇戊一冬晴，夏至逢辛三伏熱。

重陽一朝霧，晚稻爛得腐。

重陽登高。

風雨若逢初一（指三月）頭，沿村瘟疫萬人憂；清明風若從南起，定主田家大有收。

風吹上元燈，雨打寒食墳。

風潮年年做，獨怕中秋夾白露。
前月二十五，後月無乾土。
若要年成熟，除非春雨落。
食過五日（即端午）糭，寒衣收入籠。
要知來年閏，只看冬至剩。

〔十畫〕

夏至五月端，麥貴一千天。
夏至五月頭，十座油頭九座空。
夏至五月中，十個油房九個空。
夏至五月中，白飯滿幢幢。
夏至五月尾，不種穀子也吃米。
夏至五月尾，禾黃米價起。
夏至五日頭，一邊吃，一邊愁。

夏至端陽前，叉手種田年。
夏至端午前，雙手種稻田。
夏至端午前，抄手種旱田。
夏至端午前，農人淚漣漣；夏至端午後，農人吃塊肉；夏至臨端午，農人守着麥稭哭。
夏至端午前，坐了種年田；夏至端午後，無車弗動手。
夏至靠端陽，麥子不上場。
夏至近端陽，麥子不上場；夏至五月底，禾黃米價起。
夏至逢端午，麥貴一百天。
夏至時端午，家家賣兒女。
夏至不出五月，冬至不出十月。
夏至不起蒜，必定散了瓣。

夏至不過不暖；冬至不過不寒。

夏至日雨，其年必豐。

夏至日個雨，一點値千金。

夏至日得雨，一滴値千金。

夏至日降雨，豆子値萬金。

夏至日起早，紅那邊，旱那邊。

夏至日借去種田，冬至夜還來做米。

夏至日吹了團圞風，種田種地一場空。

夏至日莫與人種秧，冬至日莫與人打更。

夏至日勿要替人做工，冬至日勿要替人打更。

夏至日不要出去蒔秧，冬至日不要歸去望娘。

夏至日，蟹到岸；夏至後，水到岸。

夏至在月頭，邊吃邊愁。

夏至在五六，勿賣牛車便賣屋。

夏至難逢端午日，百年難逢歲朝春。

夏至一陰生，冬至一陽生。

夏至冬至，日夜相距；春分秋分，日夜平分。

夏至未過，水袋未破。

夏至未來莫道熱，冬至未來莫道寒。

夏至前後田溝水，好燙酒。

夏至前頭鵓鴣叫，勤謹的被懶惰笑。

夏至前頭不等（鳥名）叫，健勁人討懶人笑。

夏至前，蟹上岸；夏至後，水上岸。

夏至落雨做重霉；小暑落雨做三霉。

夏至落雨荒山頭。

夏至有雨主大收；處暑有雨萬人愁。

夏至有雨收豆子。

夏至有日三伏熱。

夏至有風三伏熱，重陽無雨一冬晴。

夏至有雲三伏熱，夏至無雲三伏冷。

夏至有雷高田熟，低田水漫不收穀。

夏至無雨，碓裏無米。

夏至無雨三伏熱。

夏至無雲三伏熱。

夏至無日頭，一邊吃，一邊愁。

夏至響雷，塝底燒（讀做煤）灰。

夏至響雷三伏熱。

夏至雷響，割稻披棕蓑。

夏至三更數伏頭。

夏至三庚屬伏頭。

夏至三天無有麥。

夏至三天無青麥。

夏至見三庚，立春後兩月。

夏至是青天，有雨在秋邊。

夏至起風三伏熱。

夏至起時，冬至起九。

夏至起西南，時裏雨潭潭。

夏至起蒜，必定散了瓣。

夏至出蒜，不出就爛。

夏至風從南方起，秋來一定雨淋淋。

夏至風從西北起，瓜蔬園裏受熬煎。

夏至風刮佛爺面（指南風），有糧也不賤；夏至風刮佛爺背（指北風），有（或作缺）糧也不貴。

夏至風吹彌佛爺面，有米弗肯賤；風吹彌佛爺背，無米弗肯貴。

夏至發西南(風)，老龍落深潭(晴)。

夏至西南沒小橋。

夏至西南沒小橋，車棚搭來像小廟。

夏至東南沒小橋。

夏至東南第一風，不種湖田命裏窮。

夏至東南風，祗收盆底坑。

夏至東南風，必定收窪坑。

夏至東北，鯉魚拆屋。(主大水)

夏至西北，鯉魚上屋；夏至東南，鯉魚住潭。

夏至西北風，菜園一掃空。

夏至颳東風，鯉魚塘裏哭公公。

夏至節前西風大水兆，夏至節後西風地乾燥。

夏至拍脚開(指逢八六等日)，三交大水一齊來。

夏至來，把秧栽。

夏至勿栽秧。

夏至開秧生。

夏至見稻娘。

夏至咚咚咚，天下斷穀芒。

夏至火燒天，大水十八番。

夏至後分龍，頂多兩座壟；分龍後夏至，番季無田蒔。

夏至隔夜西風晴，拔只黃秧手裏頓。

夏至田雞叫午前，高田有大年；夏至田雞叫

午後，低田弗要愁。

夏至酉臨六月旱，重陽戊遇一冬晴。

夏至酉逢三伏熱，夏至戌遇一冬晴。

夏至雨，一點值千金；處暑雨，有穀也無米。

夏至忌日暈，暈則有大水。

夏至定禾苗。

夏至稻好試。

夏至栽茄，累死老爺。

夏至榴花照眼明。

夏至種芝麻，披頭一朵花。

夏至餛飩冬至麵。

夏節日，打天雷，塘底焗焦灰。

夏季日暖夜寒，東海也乾。

夏季虹現西，頃刻便成雨。

夏季冷則雨。

夏季冷，一顆豆子收一捧。

夏天車轍雨。

夏天的霹頭，打一個，熱一個；秋天的霹頭，打一個，涼一個。

夏天東風，當十八日家。

夏天不熱，五穀不結。

夏東風，池塘空。

夏東風，燥⿰日曾⿰日曾；冷東風，雨祖宗。

夏東風，燥鬆鬆；冬東風，雨祖宗。

夏東風，燥鬆鬆；冬東風，雨太公。

夏颱東風井底乾，秋颱東風水連天。

夏颱南風海底乾，秋颱南風水淹山。

夏雨北風生。

夏雨北風生，無雨也風涼。

夏雨隔田頭。

夏雨隔田塍。

夏雨隔田晴。

夏雨隔爿田。

夏雨隔條繩。

夏雨隔日晴。

夏雨隔牛背。

夏雨隔牛背，秋雨隔灰堆。

夏雨隔牛背，秋雨隔土堆。

夏雨隔夾背（夾背卽搖船立脚處），秋雨隔灰堆。

夏雨如饅頭。

夏雨井底乾。

嘯。

夏雨落過太陽開，惟覺涼風陣陣來。

夏夜東方出大星，農婦早起煮飯勤。

夏夜星密，來日天熱。

夏寒水斷流。（主旱）

夏寒雨斷流。

夏（立夏）前叫，沒人要；夏後叫，帶糠糶。

夏前吃井（水鳥名）叫，有車個恰吃，無車個

夏前三日茶。（指採茶）

夏旱修倉，秋旱離鄉。

夏種餅（言種宜淺），冬種井（言宜深）。

夏忙半月，秋忙四十。

夏作秋，沒有收。

夏行秋冬，天時不正。

夏末秋初一劑雨，賽過唐朝一囤珠。

夏風連夜傾，不盡便晴明。

夏丙申烊烊，曬死稻娘。

夏濤客，冬佝僂。

時裏（指夏至前後兩三天內）西風時裏雨。

時裏西風起，立刻大雨至。

時裏西風水吊桶。

時裏西，沒藥醫。

時裏西南，老龍奔潭。

時裏東風急雨傾。

時裏東北，勿要占卜。

時裏颸東風，走馬奔車蓬。

時裏雨，家家有；時裏風，家家空。

時裏雨，米成堆；冬裏雷，屍成堆。

時裏最怕中時雨。

時裏鋤頭，好似膏頭。

時裏雷，秕成堆。

時裏雷，米成堆；冬裏雷，屍成堆。

時裏三雷，米穀成堆；時裏無雷，秕殼成堆。

時裏迷霧，雨在半路。

時裏迷霧，乾斷大路。

時裏朝西暮東風，正是旱天公。

時裏一日西南風，準過黃梅兩日雨。

時裏栽秧，分上下蹚。

時霧朝朝落。

時未到，蟬子叫，曬得犂頭跳。

時未到，蟬子叫，乾死黃秧淹死稻。

時伏天，烏鴉濕半邊。

時到十月半，提起褲子晚了飯。

朔日（指二月）値驚蟄，蝗蟲吃稻葉。

朔日値春分，五穀半收成。

朔逢霜降殞人民，重陽無雨一冬晴，月中赤色人多病，如遇雷聲米價增（古九月）。

朔望潮汐大上下兩弦無。

除夕殺母雞，三年免煩惱。

除夕摸牛身上有稻，來年發笑。

除夕星斗多，來年棉花笑呵呵；除夕星斗少，來年棉花定不好。

除夕犬不吠，新年無疫癘。

除夜東北，來年大熟；除夜東南，來年水漫。

高田只怕壬梅雨，低田只怕送三時。

高田只怕壬梅雨，低田只怕送霉雷。

高田只怕攔時雨，低田只怕送三時。

高、寶、鹽、阜、興、泰、東（係江蘇縣名簡稱），小暑怕颺西南風；此日若颺西南風，五穀禾苗被水冲。

凍七不凍八。（對搬運鮮菜而言）

凍四護九。

捕拉秋，一棵棉花十一糾。

剛立秋，棉花一齊摘了頭。

茭草處暑不出頭，只中鍘了喂老牛。

送九送到西，蝦蟆笑嘻嘻；送九送到南，十年債盡還；送九送到東，塘裏哭公公；送九送到北，娘抱兒子哭。

個個初三要伊晴，九月初三要伊陰。

春金取寶月。（言九月間刈穫之忙也）

〔十一畫〕

清明前，去撒棉。

清明前，去瞞棉。

清明前，好種棉；春分後，好種豆。

清明前，去喂蠶，四十五天都見錢。

清明前，種花園；清明後，種蠶豆。

清明前，種花園；清明後，吃蠶豆。

清明前後，種瓜點豆。

清明前後，種花點豆。

清明前後，麥埋老鴰。

清明前後，麥坐胎。

清明前後種麻棵，結的麻子特別多。

清明前後打蠶蟻。

清明前後落夜雨。

清明前後一場雨，勝似秀才中了舉。

清明一到，農夫起跳。

清明一到，田雞子（卽蛙）叫。

清明一日雨，早晚蠶不收。

清明一粒穀，蠶娘眞要哭。

清明一粒穀，看蠶娘娘要哭；清明雀口，看蠶孃孃拍手。

清明晴，好種棉。

清明晴，桑葉必大剩。

清明晴，魚子上高坪；清明雨，魚子權下死。

清明要晴，穀雨要雨。

清明要晴，穀雨要陰。

清明要明，縠雨要淋。

清明要雨，縠雨要晴。

清明寒，只話蠶；清明熱，只話葉。

清明熱，弗話葉；清明寒，弗話蠶。

清明清，去撒棉。

清明清，魚子上高坪；清明雨，魚子坡下死。

清明時節雨紛紛。

清明時節，栽瓜種豆。

清明曬花，縠雨種瓜。

清明曬得溝底白，溝底一畝麥。

清明曬得楊柳枯，十隻糞缸九隻浮。

清明曬到楊柳枯，又有乾麵又有麩。

清明曬乾柳，黑饃撑死狗。

清明曬乾柳，黑饃噎死狗。

清明曬乾柳，窩窩饅頭撑死狗。

清明不戴柳，紅顏成皓首。

清明不戴柳，難脫黄巢手。

清明不戴柳，死了變黄狗；清明不戴松，死了變黄鷹。

清明不拆絮，到老無志氣。

清明不見風，麻豆好收成。

清明不見風，豆子好收成。

清明不見風，芝麻好收成。

清明颳得動墳前土，風颳四十五。

清明颳了墳上土，漓漓拉拉四十五。

清明颳了墳上土，滴滴拉拉四十五。

清明颳了墳上土，多少農夫白受苦。

清明有雨麥苗旺，小滿有雨麥頭齊。

清明有霧，夏秋有水。

清明有霜，霉裏水少。

清明無雨少黃霉。

清明無雨早黃霉。

清明風若從南至，準定農夫有麥收。

清明風若從南至，定主農家大有收。

清明風從南方至，定主田禾大有收。

清明南風起，收成好無比。

清明吹南風，一定收成豐。

清明西北風，養蠶多白空。

清明戴楊柳，來世有得做娘舅。

清明後西北，秧田水宜足。

清明上巳晴，桑樹掛銀瓶；雨打石頭斑，桑葉錢家難；雨打石頭流，桑葉好喂牛；雨打石頭偏，桑葉三錢片。

清明午前晴，早蠶熟；午後晴，晚蠶熟。

清明午前雨，早蠶熟；午後雨，晚蠶熟；一日雨至夜，早晚蠶俱熟。

清明雨落加秧岸。

清明勿落雨，稻麥出勿齊。

清明斷雪，穀雨斷霜。

清明斷雪不斷雪，穀雨斷霜不斷霜。

清明難得明，穀雨難得雨。

清明種芥，好似放債。

清明種菜，強似放債。

清明種瓜，船裝車拉。

清明好種棉，春分好種豆。

清明麥，埋老鴰。

清明麥子沒老烏。

清明兩月吃乾麥。

清明秫秫穀雨芰。

清明秫秫穀雨花，穀子種到初夏。

清明高粱穀雨穀。

清明白，收把麥。

清明白條。桑葉白挑。

清明浸種，穀雨播秧。

清明見莢，立夏見吃。

清明簷前插柳青，農人休望晴；簷前插柳焦，農人好作嬌。

清明楊花隔港飛。出火蠶嘸處去買伊；清明楊花着地飛，出火蠶賤得像汚泥。

清明楊柳朝北拜，一年能還十年債。

清明暗，江水不離岸；清明落，蝦子跳上屋。

清明大似年。

清明早，小滿遲，穀雨棉花正當時。

清明日雨，黃霉裏有水；晴則旱。

清明日雨百果損。

清明墳上掛紙錢。

清明天陰，夏水調和。

清明出日焦，低田上莽大稻露。

清明若逢雨，霉裏雨淋淋。

清明豆，豆纍纍。

清明看見蠶豆結小莢，到了立夏前後吃得

清明筍出，穀雨筍長。

清明田雞咯咯叫，白糖糖子穩牢牢。

清明螺，抵隻鵝。

淸早立了秋，晚上涼颼颼。

黃梅天，刻刻變。

黃梅天，十八變。

黃梅天，一日幾番顚。

黃梅天日幾番顚。

黃梅天，地皮黏。

黃梅旱，井底乾。

黃梅寒，井底乾。

黃梅寒，井底乾；時裏寒，沒竹竿。

黃梅寒，井底乾；雨打黃梅脚，塘底曬開叉。

黃梅無雨半年荒。

黃梅無大雨，三九少東風。

黃梅雨，半荒年。

黃梅雨未過，冬青花未破；冬青花已開，黃梅雨不來。

黃梅三時纔出門，蓑衣箬帽必隨身。

黃梅時節家家雨。

黃梅中雨之多寡，以十夜爲率，主雨調勻。過則水；不及則旱。

黃梅倒轉。

黃梅裏雷，低田屋毀。

梅裏一聲雷，低田拆舍歸。

梅裏一聲雷，時裏一陣雨。

梅裏一聲雷，時中三日雨。

梅裏有雷主大水。

梅裏西風時裏雨，時裏西風暫時雨。

梅裏西南，時裏潭潭。

梅裏西北風，老鯽化成龍。
梅裏一日西南，時裏三日潭潭。
梅裏三日西南風，時裏三日雨連龍。
梅裏迷霧，雨在半路。
梅裏知了叫，勤力着懶惰個笑。
梅裏芝麻時裏豆，落忙時候種小豆。
梅盡生雷，主大旱。
梅盡穇子秀，時盡稻花香。
梅風吹一吹，免佈三次灰。
處暑十天正割穀。
處暑十八盆。
處暑十八盆，白露加三盆。
處暑後十八盆湯。
處暑浴壺乾。

處暑處暑，熱殺老鼠。
處暑寒來。
處暑聞雷，遍地是賊。
處暑打雷，蕎麥一去無回。
處暑頭上一個雷，秕穀（或作殼）兩三堆。
處暑不一樣，白露不加苗。
處暑不種田，種田是枉然。
處暑不種田，莊稼老漢灌菜園。
處暑不出頭，割了喂老牛。
處暑不露頭，割了盡喂牛。
處暑不通，白露枉用功。
處暑勿澆苗，到老無好稻。
處暑根頭黑，種田有得吃。
處暑根頭白，農夫喫一嚇。

處暑難得十日陰，白露難得十日晴。

處暑雨，雖然結實莫歡喜。

處暑雨不通，白露枉相逢。

處暑雨不通，白露萬物空。

處暑雨，粒粒皆是米。

處暑雨，偸稻鬼（讀幾）。

處暑落雨斷牛糧。

處暑若逢天不雨，縱然結實也難留。

處暑若還天不雨，縱然結實也難收。

處暑斷犂耙。

處暑三朝稻有孕。

處暑見新花（指棉花）。

處暑見紅棗，秋分打遍了。

處暑花紅棗，秋分打盡了。

處暑紅鼻棗，秋分拍打了。

處暑紅圈膽，秋分落了桿。

處暑找黍，白露割穀。

處暑剪菽，白露割穀。

處暑離社三十三，蕎麥用起鐵棍擔。

處暑田豆白露蕎。

處暑棉花檢斤半。

處暑蘿蔔白露菜。

淋伏頭，曬伏尾。

淋伏頭，旱伏尾。

淋着伏頭，單日旱，雙日雨。

淋着公伏頭，曬死老石頭；淋着母伏頭，大水滿坡流。

淋着土王頭，大雨滿坡流。（立春、立夏、立秋、立冬各前十八日叫土王日。此係指立夏前之土王日。）

淋着土王頭，十八日不能使車牛。

淋了伏王，一天一場。

乾冬節，濕年朝。

乾冬濕年。

乾冬濕年，定要收田。

乾冬濕年，坐了種田。

乾冬濕年，快活種田。

乾冬濕年，餓死神仙。

乾淨冬，齷齪年。

乾淨冬至垃圾年。

乾晴冬至攞搔年，拉雜冬至乾晴年。

做天難做三月天，秧要溫和麥要寒，種田郎君要時雨，採桑娘子要晴天。

做天難做四月天，蠶要溫和稻要寒。

做天難做四月天，秧要日頭麻要雨，蠶要溫和麥要寒，採桑娘子要晴天。

得了七月節，夜寒白天熱。

從春不下雨，下雨就是春。

深秋風勢動，風動浪不靜；夏風連夜傾，不盡便晴明。

〔十二畫〕

陽曆便，三百六十五日當一年；高爲大月低爲小，拳上好分辨；四個月三十日；七個月三十一；惟有二月二十八日，四年加一天。

陽曆氣節極好算，一月兩節不更變；上半年

來六廿一，下半年來八廿三。一月大寒隨小寒，農人檢糞莫偷閒。立春雨水二月裏，送糞莫等冰消完。三月驚蟄又春分，天氣昭蘇載蒜臨。清明穀雨四月節，大小麥田播種勤。五月立夏望小滿，待雨下種勿偷懶。芒種夏至六月裏，不要強種要勤鏟。七月小暑接大暑，拔麥種菜播蘿蔔。立秋處暑正八月，結實更喜日當午。九月白露又秋分，收割莊稼喜欣欣。十月寒露霜降至，打場起菜忙煞人。十一月中農事閒，立冬小雪天將寒。大雪冬至十二月，早完糧稅樂新年。（此諺流行於我國東北各省）

寒食節，麥坐胎。

寒食節是清明前一日。

寒食麥子沒老烏。

寒食熱，只說葉；寒食寒，只說蠶。

寒食雨，爛麥堆。

寒食一日陰，桑葉一個錢一斤。

寒露到，割秋稻；霜降到，割糯稻。

寒露霜降，破袄出按。

寒露過三朝，淺水也尋橋。

寒露不算冷，霜降變了天。

寒露種菜小雪挑，小雪種菜只要澆。

寒露百草枯。

寒露無青稻，霜降一齊倒。

寒露無青稻，霜降一齊勦。

寒露開花不結子。

寒露吐穗不結實。

寒露至霜降，種麥莫慌張。

寒露去種麥，前十天不爲早，後十天不爲遲。
寒露兩旁看早麥。
寒露前後看早麥。
閏年不種十月麥。
最喜立春晴一日，農夫不用力耕田。
朝立秋，涼颼颼；夜立秋，熱到（或作當）頭。
晴冬至，爛年底。
晴冬至，爛年根。
晴冬至，爛年邊，邋遢冬至晴過年。
晴冬至，爛年邊，快快活活去耕田。
晴冬至，邋遢年，邋遢冬至晴過年。
晴冬邋遢年。
晴乾冬至濕潤年。
晴乾冬至濕漉年，熱鬧冬至冷淡年。
晴到冬至落到年。
晴過冬至落過蠶。
晴過冬至落過年。
雲罩中秋月，雨打上元燈。
雲遮中秋月，雨滴上元燈。
雲掩中秋月，雨打來年宵。

〔十三畫〕

歲朝東北，五禾大熟。
歲朝東北，年成大熟。
歲朝東北好耕田，初八參星水影占，十六二十風光好，高低成熟慶豐年。
歲朝東北好種田。
歲朝西北，大水害農；歲朝東北，五穀大熟。

歲朝西北風，大雨定妨農。

歲朝西北風，大事害農功。

歲朝西北風，大雨定妨農；歲朝東南風，民安五穀豐。

歲朝西北風，大水妨農工。

歲朝烏猫禿，高低田大熟。

歲朝烏貓禿，高低田稻一齊熟。

歲朝宜黑四邊天，大雪紛紛是旱年；且喜立春晴一日，農夫不用力耕田。

新春大如年。

過了正月半，大家尋事幹。

過了正月半，點火燒田岸。男人進學堂，女人端緇箱。

過了二月八，鐵棒打勿殺。

過了三月三，矮瓜葫蘆一齊安。

過了三月三，北瓜葫蘆地裏鑽。

過了四月八，凍死黑豆芽。

過了七月半，方是鐵羅漢。

過了七月半，天氣涼一半。

過了八月節，夜寒日裏熱。

過了九月九，大夫高叉手。

過了十月半，人賽鐵羅漢。

過了寒食冷十日。

過了清明，睡了一小夢；過了三月三，一夜睏半天。

過了小滿十日種，十日不種一場空。

過了黃梅買蓑衣。

過了芒種，不可強種。

過了夏至無青麥，過了寒露無青豆。
過了夏至漿黄豆，一天一夜扛郎頭。
過了立秋節，寒夜日裏熱。
過了重陽沒節期。
過了冬，長一葱；過了年，長一田。
過了冬，日長一棵；過了年，日長一塊田。
過了寒露無生田。
過了寒露無青豆。
過伏不種秋，就種也不收。
遇閏之年多種豆。
想知柴米價，月牙看初八。
鬧熱冬至冷淡年。
著衣秋主熱，脫衣秋主涼。（指立秋日言）
暑伏天，蓑衣不離肩。
暑伏天，吃物要新鮮。
暑伏涼，澆倒牆。
暑伏不熱，五穀不結；寒冬不冷，六牲不穩。
暑前不覺熱，果實難望結；冬前不見冰，冬後凍殺人。

〔十四畫〕

端午佳節，菖蒲插壁。
端午吃隻糉，一夏健鬆鬆。
端午夏至連，抄手種荒年。
端午夏至連，抄手種荒田。
端午夏至連，抄手好種田；端午夏至隔得開，三次大水併次來。
端午動雷，米貴千日。

端午沒好日，中秋沒好天。

端午晴乾，農人喜歡；吃過端午糉，寒衣收入籠。

端午落雨端端坐。

端陽有雨穀心壞，河內水淺生蝗蟲。

端陽有雨是豐年。芒種聞雷美亦然，夏至風從西北起，瓜蔬園內受熬煎。（占五月）

端陽無雨是豐年。

端陽曬得蓬頭乾，十爿高田九爿浮。

〔十五畫〕

穀雨節，一點雨，一點魚。

穀雨日下雨，一點一個魚。

穀雨辰值甲辰，蠶麥相登大喜欣。

穀雨辰值甲午，每箱絲綿得三斤。

穀雨前，不撒棉。

穀雨前，好種棉；穀雨後，好種豆。

穀雨前後，種瓜點豆。

穀雨以前有大風，麥子決定減收成。

穀雨後，好種豆。

穀雨三朝蠶白頭。

穀雨三朝看牡丹。

穀雨三日便拂蠶，穀雨十日也不晚。

穀雨有雨主魚蝦。

穀雨有雨棉花肥。

穀雨有雨棉花好。

穀雨二遍蠶，夏至二遍地。

穀雨一點雨，河裏一個魚。

穀雨打蜒蚰，打得蜒蚰勿出頭。

穀雨無雨，佃農送田還田主。

穀雨雨不休，桑葉好飼牛；穀雨樹頭響，辨桑葉一斤鮝。

穀雨雨打蚊：大雨打大蚊，細雨打細蚊。

穀雨綢綢，桑葉好飼牛。

穀雨蠶生牛出屋。

穀雨勿藏蠶。

穀雨勿撣蠶，夏至勿種田。

穀雨筍頭齊。

穀雨山頭烏紫紫（指毛筍）。

穀雨西，淼小橋。

穀雨荾菜立夏豆。

穀雨麥炸肚。

穀雨麥扛槍。

穀雨麥挺直，立夏麥秀齊。

穀雨麥挑旗，立夏麥穗齊。

穀後穀，坐着哭。

澆伏頭，曬伏尾。

熱在中伏，冷在三九。

熟不熟，祇看正月三個六。

賣絮婆子看冬朝，無風無雨哭號咷。

節到驚蟄，春水滿地。

（十六畫）

頭七絲，二七麻，三七看莊稼。

頭八（指正初八）晴，好年成；二八晴，好收成。

頭八晴，好年成；二八晴，好種成；三八晴，好收成。

頭九暖，二九凍脫百鳥蛋。

頭九封河二九開，三九封河等春來。

頭九凍河二九開，三九四九等春來。

頭九結冰二九開，三九結冰等春來。

頭九雪花飛，二九鶉鴣啼。

頭九至二九，相喚不出手；三九二十七，笆頭吹觱栗；四九三十六，夜眠似露宿；五九四十五，牀頭把唔唔；六九五十四，笆頭出嫩莿；七九六十三，破絮擔頭攤；八九七十二，黃狗向陰地；九九八十一，犁耙一齊出；十九足，蝦蟆鬧嗾嗾。

頭時花，二時豆，三時種赤豆。

頭伏不打鼓，浪蕩時裏淹的苦。

頭伏有雨二伏旱，三伏有雨吃飽飯。

頭伏餃子三伏麵，二伏就吃豆米飯。

頭伏一麥，末伏蘿蔔。

頭伏蕎麥，末伏蘿蔔。

頭伏蘿蔔，末伏蕎麥。

頭伏蘿蔔，末伏白菜。

頭伏蘿蔔二伏菜。

頭伏蘿蔔二伏菜，三伏裏頭種蕎麥。

頭伏蘿蔔二伏菜，三伏有雨好種麥。

頭伏蘿蔔二伏芥，三伏以內種蕎麥。

頭伏蘿蔔二伏芥，三伏蕎麥來的快。

頭伏蘿蔔，二伏芥菜，三伏裏頭種白菜。

頭伏芝麻二伏豆，棉捋七次白如銀。

頭年種田，碰着閏年。

錯過時辰嘸飯吃，錯過黃霉弗種田。

（十七畫）

霜降到，沒老少。

霜降見霜，米爛陳倉。

霜降前落霜，挑米如挑糠；霜降前落雪，挑米如挑鐵。

霜降三朝，過水尋橋。

霜降水痕收。

霜降休節，百工奔金取寶月。

霜降了，布衲著得。

霜降麥秀齊。

霜降降禾黃。

霜降一齊倒，立冬無豎稻。

霜降搭重陽，留子不留娘。

霜降接重陽，十家燒火九家光；重陽接霜降，十家燒火九家旺。

霜降殺百草，立冬地不消。

霜降拔葱，不拔就空。

霜降刨葱，立冬割菜。

霜降不起葱，越長越空。

霜降斫早稻，立冬一伐（即一次之意）稻。

霜降划早稻，立冬一齊倒。

濕年下，乾冬至；濕冬至，乾年下。

（十八畫）

朦朧中秋月，雨打下元宵。

（十九畫）

臘月（卽陰曆十二月）柳眼青，來年夏秋米價平。

臘月初六東風起，牛羊猪馬定遭瘟。

臘月三場霧，黃鳥水中浮。（主來年夏前多雨之意）

臘月三白定豐年。

臘月三白兩樹架，莊稼老人說大話。

臘月有三白，豬狗亦吃麥。

臘月有霧露，無水做酒醋。

臘月工，上秤稱。

臘月參，深黃昏。

臘月栽桑桑不知。

臘月二十五米滿缸，正月十五不開倉。

臘前三白，來年吃麥。

臘前三白，大宜菜麥。

臘裏水，貴三分。

臘裏像春天，家家哭少年。

臘七臘八，凍死叫化。

臘七臘八，凍死寒鴉。

臘七臘八，凍掉胳膊。

臘雪財，春雪晦。

臘雪是被，春雪是鬼。

臘雪蓋春牛，河水壯官廚。

臘雪水浸種穀，能除蟲傷。

臘雪不烊，窮人飯糧；春雪不大，餓斷狗腸。

邋遢冬至乾淨年，乾淨冬至邋遢年。

〔二十三畫〕

驚蟄聞雷，小滿發水。

驚蟄聞雷，米麵如泥。

驚蟄聞雷米似泥。

驚蟄聞雷米似泥；春分無雨病人稀；月中但得逢三卯，禾麥棉花到處宜。（占二月而言）

驚蟄聞雷米如泥，春分有雨病人稀。

驚蟄前雷，念四日大門難開。

驚蟄未蟄（言無雷），人吃狗食。

驚蟄未到一聲雷，七七四十九日不見天。

驚蟄未到雷先鳴，大雨似蛟龍。

驚蟄有雨並聞雷，麥積場中如土堆。

驚蟄吹起一撮土，倒冷四十五。

驚蟄寒，秧成團；驚蟄暖，秧成稈。

驚蟄割蜜。

驪伏尾，淋伏頭。

第二編 氣象之部

〔一畫〕

一日霧露三日雨，三日霧露沒有雨。

一日霧露三日雨，三日霧露轉天晴。

一日濃霜三日雪，三日濃霜祇場雪。

一日南風三日報，三日南風狗攢竈。

一日東風三日雨，三日東風無米煮。

一日赤膊，三日頭縮。

一日（指陰曆正月初一）晴，一年豐；一日雨，一年歉。

一月（指十二月而言）見三白，田翁笑嚇嚇。

一天南風三天暖。

一天北風十天河，十天北風不凍河。

一朝脫膊，三日齷齪。

一夜起雷三日雨。

一夜孤霜，來年大荒；多夜霜足，來年大熟。

一耳單日，兩耳雙起。

一珥風，二珥雨。（珥是日月周圍發現的彩色小環，也叫光珥。）

一珥雨，二珥陰，三珥過來必定晴。

一霓陰，二霓風，大風三日不見天。

一個星保晴。

一個星，保夜晴。

一個雷聲天下響。

一個雷聲天下聞。

一個霹靂天下響。

一星過夜半，三星到天明。

一顆雨，一個泡，大雨尚未到。

一落一個泡，明朝大天好。

一落一個泡，明天就天好；一落一隻釘，七日七夜弗肯停。

一落一個泡，還有大雨到。

一落一個泡，落得沒米煮，沒柴燒。

一落一隻釘，七日七夜不肯停。

一落一隻釘，落到明朝弗肯停。

一落雨似一個釘，落到明朝也不晴。

一點雨似個釘，落到明朝也不晴。

一點雨似一個釘，落到明朝也不晴；一點雨似一個泡，落到明朝未得了。

一滴一個泡，還有大雨到。

一尺風，三尺浪。

一尺挺頭水，有三尺灘。

一雷定九颱。

一聲乾，二聲旱，三聲四聲大水漫。（指夜間九頭鳥叫聲）

一聲風，二聲雨，三聲四聲斷風雨。

一鴰晴，二鴰下，三鴰四鴰乾田壩。

一霧提三雨。

一虹虹東，乾斷河涷；一虹虹西，乾斷河西。

一番暈添一番湖塘。（立夏日看日暈，有則主水。）

〔二畫〕

七不出，八不歸。

七不晴，八不陰，逢九放光明。

七無報，八悽惶；八無報，九夜不得到天光。

七晴八雨，九晴頭。

七陰八不晴，九纔放光明。

七死八活九老晴。

七天三水，不出就毀。

十日雨連連，高山也是田。

十夜以上雨，鄉人盡叫苦。

十里不同天。

十晴九霧。

十一、十二，潮來中飯前。

十三起汛日巳潮。

十五、十六，兩明適透。

十五六，兩頭露。

十六夜裏烏鹿朶，西鄉村子繞田哭。

十七八，黃昏瞎。

十七八，廿二三。

十七八，月上殺一隻毛雄鴨。

十七、十八，月上目瞌。

十七、十八，月亮一更發。

十七、十八，月黑一霎。

十七、十八，人靜月發。

十七、十八，落黑摸瞎。

十八九，坐凳守。

十八九，坐定守。

十八九，點燈守。
二十央央，月上兩更。
二十⿱大頁⿱大頁，月上二更。
二十亭亭，月上二更。
二十正正，月出一更。
二十行香，月出一更。
二十楞騰，月出一更。
二十莫掌燈，月出在一更。
二十廿一潮，天亮白遙遙。
二十一，月偏西。
二十一二三，月出半夜間。
二十一二三，天亮月正南。
二十三，月正南。
二十二三，月落正南。

二十二三，月出正南。
二十四五月黑頭，月亮出來去使牛。
二十七八，五更月發。
二十七八，月亮出來一枝叉。
二十九，月亮出來扭一扭。
二十九，掃一帚。
二九變，晴勿過二九，落勿過二九。
二日雨，傍山居。
八十婆婆怕南來陣。
八日若勿見參星，月半要看見紅燈。

〔三畫〕

三朝霧露發西風。
三朝大霧發西風。

三朝連霧發西風。

三朝迷霧起西風，若無西風雨不空。

三日霧濛，必起狂風。

三日風，兩日雨。

三日一小旱，五日一大旱。

三星對門，門口蹲人。

三星在地水成冰。

三星趕泉壩，趕上泉壩到年下。

三場東風不由天。

大二小三，月牙出尖。

大二小三，月出一竿。

大二小三，月亮露邊。

大旱不過五月十三。

大旱不過七月半。

大旱獨怕麻花雨。

大旱無過周時雨，大水無過百日晴。

大水無過一周時。

大霧不過三，小霧不過五。

大霧不過三，一過十八天。

大風夜無露。

大瓦兒（指雪）風；小瓦兒雨。

大雪紛紛下，柴米油鹽都漲價。

大雪紛紛下，柴米油鹽都漲價；老鴉滿天飛，板櫈當柴燒，嚇得牀兒怕。

大雪豐年來，無雪有殃災。

大雨怎不憔，豆子漲斷腰。

大冷大熱，無汎。

大氣矇矓而覺暖濕時，則降雨。

大星高，小星低，不在今天在夜裏。

大瓶（星名）高，水滔滔；小瓶（星名）高，乾煞蒿。

小雨有收成，最怕大雨淋。

小暈風，伯急大暈雨師來。

上看青山下看日落。（占晴雨也）

上午雨，竈上荒；下午雨，竈下荒。

上風皇，下風隘，無蓑衣，莫出外。

上牽晝，下牽齋，下晝雨嚌嚌。

上風雖開，下風不散。

上火勿落，下火必篤。（火是值日星宿，落篤言下雨也）

上層雲與下層雲移動方向相反者，有風雨。

上弦半月圓，下弦圓月半。

上弦月口凸，穀價降低；上弦月口凹，穀價反增高。

上角多風雨，下角廣種田，月口刀兵動，月後是荒年。（看七星在月牙的那一方，以定一年的吉凶。）

上半年日落斫擔柴，下半年日落拖雙鞋。

下過雨，送蓑衣。

下雨就有露水。

下在甲子日，連陰四十日。

下雪不冷化雪冷。

下得早，不濕草；下得遲，正當時。

下岸三潮登大汛。

久晴必有一陰。

久晴必有久陰。

久晴必有久陰，久雨逢庚晴。
久晴必有久雨，久雨逢庚晴。
久晴逢戊雨，久雨望庚晴。
久晴大霧必陰；久雨大霧必晴。
久晴不雨，且看戊己。
久晴無暴雨。
久陰必下，暴雨不長。
久陰不雨，暴雨不長。
久雨久晴，多看換甲。
久雨不晴，且看丙丁。
久雨不晴，且看丙丁；久晴不雨，但看戊己。
久雨望天晴。
久雨廿三晴，廿三不晴到月晴。
久雨廿三晴，廿三弗晴月底晴。

久雨現星光，來日雨更狂。
久雨現星光，來日雨更狂；小暈風伯急，大暈雨師忙。
久旱西風更不雨，久雨東風更不晴。
山起雲主雨；山收雲主晴。
山光翠欲滴，不久雨淅瀝；山光（或作色）濛如霧，連日和煦煦。
山尖戴帽，長工短工睡覺。
已吹一日南風，必送一日北風。
巳時雨，沒頭尾，下起來就要毀。
夕陽紅霞，無水泡茶。
千歲老人，不曾見東南陣頭雨沒田。

〔四畫〕

天河作壩，必要落雨。

天河掉角，收拾被窩。

天河掉角，要褲要襖。

天河掉角，家家喫豆角。

天河吊角，朝飯豆角。

天河弔角，燒吃毛豆角。

天河弔角，收拾蓋的被窩。

天河劈叉，要褲要褂。

天河西北，該種蕎麥。

天河南北，小孩不跟娘睡。

天河南北正種蕎麥。

天河南北，該種蕎麥。

天河南北，早種蕎麥；天河東西，早辦寒衣。

天河南北，收拾蕎麥。

天河南北，餓得只哭；天河東西，白米喂雞。

天河南到北，家家種蕎麥；天河東西灣，家家吃米飯。

天河東西，預備冬衣。

天河東西，置買冬衣；天河掉角，收拾被窩。

天河東西，小孩凍的唧唧。

天河東西下，收拾犂和耙。

天河朝南朝北，家家種蕎麥；朝東朝西，家家穿寒衣。

天河側南側北，餓得直哭；側東側西，白米餵雞。

天河對大門，家家人家吃大菱；天河對沙灘，家家人家穿紗衫。

天河對大門，家家屋裏吃餛飩。

天河對壁角，家家屋裏曬被殼。
天河對廂房，家家屋裏添衣裳。
天河對弄堂，家家人家曬醬缸；天河對笆椿，家家人家吃蝦湯天河對大門，家家人家吃大菱。
天河直，正要熱；天河跌角，人拉被角。
天河直，家家急；天河橫，家家搭稻棚；天河倒角，家家坦籔曬穀。
天河橫，稻上場。
天河乾馬牆，家家進城去納糧。
天上黃胖，大水沒林檔。
天上黃亮，人怕肚脹。
天上無雲不下雨，地上無人事勿成。
天上無雲勿落雨，地上無媒勿成親。
天上起了泡頭雲，不過三天雨淋淋。

天上起有烏雲斑，明天曬穀不用翻。
天上起有鯉魚斑，明天曬穀不用翻。
天上泛紅雲，必定有冰雹。
天上有雨落，地上有水流。
天上有白虹，刀兵血染紅。
天上有星皆拱北，地下無水不朝東。
天上有了鈎鈎雲，三五日內雨淋淋；天上有了掃帚雲，三日雨來臨。
天上鈎鈎雲，地上水圪洞。
天上九流星，地下翻眼睛。
天旱東風不下雨，雨潦西風颳不晴。
天旱東風不下雨，水澇西風不晴天。
天旱逢壬變，雨潦逢甲晴。
天旱逢庚雨，雨潦逢甲晴。

天旱不望朵朵雲。

天旱獨怕麻花雨。

天旱結棗子，兒子打老子。

天黃有雨，人黃有痞。

天黃有雨，人黃有病。

天黃欲陰，瓜黃要熟。

天高不下雨，地高沒收成。

天高不下雨，地旱沒收成。

天要落雨，娘要嫁人。

天要落雨娘要嫁。

天要落雨起橫雲，娘要嫁人起橫心。

天要陰，多出星；天要晴，多上雲。

天要陰，多上雲；天要晴，多出星。

天晴胡相公，天落黃槍蜂。

天晴無雨信，人窮無實信。

天晴不開溝，雨落遍地流。

天晴酒肉館，雨落釘鞋傘。

天無三日晴，地無三尺平。

天無三日晴，地無三里平，人無半點情。

天無一日雨，人無一世窮。

天無雲，不下雨；地無媒，不成婚。

天陰怕的放光明。

天陰地泛潮。

天變雨落人變死。

天變一時，人變一世。

天腳吊烏雲，大雨似傾盆。

天際灰布懸，雨絲定連綿。

天起麒麟殼，有雨多勿落。

天亮午，晴不久。

天作有雨，人作有禍。

天乾三年吃飽飯，雨落三年餓死人。

天下太平，夜雨日晴。

天將雨，鳩逐歸。

天開眼，天下反。

天空鯉魚斑，勿晴眞古怪。

天氣正要熱，農夫做脫力。

天公烏憧憧，憧憧憧憧要起風；起風要下雨，下雨難做工。

天若改常，不風卽雨；人若改常，不病卽死。

天閃無雷不成雨。

廿一二，月上二更二。

廿二三，月上半闌盞。

廿二廿三落了回龍雨，盌大苗棵不收米。

廿五六，月上四更足。

廿五六，潮來吃早粥；潮去燒夜粥。

廿五廿六若無雨，初三初四莫行船。

廿七起汛己亥潮。

廿七八，日出東天一齊發。

廿七廿八落仔交月雨，初二初三不肯晴。

日沒胭脂紅，無雨必有風。

日沒胭脂紅，無雨又無風。

日沒火燒雲，明天必定曬死人。

日沒雲落，不雨定寒。

日沒起淸光，來日必酷熱。

日沒返照，曬得貓兒叫。

日沒暗紅，無雨必風。

日落返照晴。

日落雲沒，不雨定寒。

日落雲連山，必定有雨天。

日落雲吃火，明天下雨人難躲。

日落雲吃火，明天下雨無處躲。

日落雲裏走，雨在半夜後。

日落雲幔滿，雨落在夜半。

日落雲裏走，雨落半夜後；日沒胭脂紅，無雨但有風。

日落黑雲接，風雨不可說。

日落烏雲走，雨在半夜後。

日落烏雲半夜枵，明朝曬得背皮焦。

日落烏雲漲，明天好曬醬；日落烏雲坐，明天好推磨。

日落西山胭脂紅，勿落雨來定發風。

日落西山出洞門，半夜黑天抓樹林，日落出來加祥雲。

日落生耳，紅塵千里。

日落不落，懶漢討燥。

日落暗紅，無雨必風。

日落晴彩，久晴可待。

日落翻黃，夜裏淼到眠牀。

日落翻黃，大水淹倒牆。

日出三竿，黃色赤暈。

日出三竿，不急便寬。（指風而言）

日出卽遇雨，無雨天必陰；日落黑雲接，風雨不可說。

日出遇風雲，無雨天必陰。

日出遇風雲，無雨天必陰；火燒薄暮天，來日必晴明。

日出卯遇雲，無雨必天陰；雲隨風雨疾，風雨卽時息。

日出紅雲擔，望雨不過三。

日出東南紅，無雨必有風。

日出天色紫，下雨還不止。

日出雲中落，明朝家裏坐。

日出生耳，烏風繃雨。

日出生耳，烏風棚雨；日落生耳，紅塵千里。

日出事還生。

日出卓八脚。

日出早，雨淋腦；日出晏，晒殺雁。

日出早，雨惱惱；日出晏，晒死南來雁。

日頭落山胭脂紅，不是雨來便是風。

日頭戴大帽，風雨必定到。

日頭套三環，一反十二年。

日頭碰雲障，曬殺老和尙。

日頭鋪雲障，曬殺老和尙。

日頭起甏障，曬殺老和尙。

日頭曬耳，不起風，便下雨。

日頭曬不烊，月亮還曬得烊麼？

日頭出得早天氣難得好；日頭送了山，預備洗衣衫。

日頭出來吊孝，孩子出來碰跳。

日頭打洞，落雨無縫。

日頭光彩，晴明可待。

日頭已經平西。

日頭不能常響午。

日頭鬆放上，大路踏成醬；日頭鬆放下，地面走得馬。

日頭天亮，田螺張望；日頭早半晌，田螺放菜湯；日頭晝過，田螺躲過；日頭點心時，田螺炒菜絲；日頭落山，田螺攏攤。

日由雲中落，明天家裏坐。

日外有雲障，曬死老和尙。

日光早出晴明不久。

日光生毛，大雨濤濤。

日光生毛，北瓜生蒂，老公行時，老婆行世。

日光當中，草簍均空；日光橫橫，草簍棚棚；日光倒西，牧童戲嬉。

日光朝上，整作場上；日光朝下，整作廚下。

日光晴彩，久晴可待。

日光早出，晴明不久；返照紅光，明日風狂。

日暈半夜雨，月暈午時風。

日暈三更雨，月暈午時風。

日暈三更雨，夜暈一天風。

日暈雨淒淒，月暈草頭飛。

日暈田滿水，月暈井底乾。

日暖夜寒，東海也乾。（指四月而言）

日暖風和，明朝再多。

日月暈爲降雨之兆。

日月上昇，有暈則晴。

日月上昇有暈則晴；下降有暈則雨。

日月周圍有黃圈，下雨就在一半天；日月旁邊黃半圈，起風就在眼目前。

日囮風，夜囮雨。

日枷風，夜枷雨。

日枷風，月枷雨。

日圈不過三朝雨。

日珥單，不過三，日珥雙，颷塌窗。

日生耳，主晴雨：南耳晴，北耳晴；生日雙耳，斷風截雨。

日晴早，主雨；日晏開，主晴。

日晴夜雨，百姓做財主。

日暮黑雲接，風雨不可說。

日暮黑雲接，風雨不可說；雲隨風雨急，風雨霎時息。

日暮雲裏走，雨落半夜後；日暮胭脂紅，無雨也有風。

日打洞（太陽從雲裏出來叫打洞），落來沒蟹洞。

日打洞，明朝曬背痛；日返塢，明朝水沒路。

月裏架朗朗，夜裏蓋蚊帳。

日背弓，月背箭。不是荒年便是亂。

日送西，雨打陂。

日定雲沒，不雨定寒。

日明月明，不可獨行，若要獨行，手提紅燈。

日早雨淋頭。

日長如小年。

日對鬣（卽虹），弗到晝。

日若當午現，三天不見面。

日颳三，晚颳六，半夜三更颳一宿。

日晚風和，明朝更多。

太陽返照，曬得鬼叫。

太陽返照，明朝曬得屍跳鬼叫。

太陽返照，水淹鍋竈。

太陽倒回落，明日家中坐。

太陽笑，淋破廟。

太陽倒笑，明日曬得猫叫。

太陽見一見，三天不見面。

太陽擔枷，雨水浸壩；太陰擔枷，等水煎茶。

太陽出來探一探，大雨必定落到暗。

太陽披蓑衣，明朝雨凄凄。

太陽打了洞，明朝曬背痛。

太陽打洞，落雨無縫。

太陽過了關，明天風雨翻。

太陽攔中現，三天不見面。

太陽滲了土，還能奔走十四五。

太陽曬竈頭，牽出龍米做年酒。

太陽逼逼焦，熱得長子唷咾唷，熱得矮子雙脚跳。

太湖裏蓋條被，少收十萬八千担米。（指六月而言）

太婆八十八，未曾見過收霧有雨發。

太婆今年八十八，不曾見過東南陣頭發。

太公今年九十九，不曾見過東南角上起陣頭。

月點燈。

月牙仰，米價長。

月牙仰，米價漲；月牙歪，米價衰。

月牙仰，糧價漲；月牙竪，糧價住。

月牙歪，米糧衰。

月牙立，雨水足；月牙臥，日頭照。

月牙仰，水潮長；月牙昃，水無滴滴。

月牙站，糧食賤；月牙睡，糧食貴；月牙張弓，糧食平穩。

月生毛，雨漕漕。

月光生毛，大雨濤濤。

月光生毛，不出三朝。

月光生毛，不斷三朝。

月照濕地，雨落唔離。

月照後壁，人食狗食。

月亮照爛地，落雨落不歇。

月亮照爛地，落雨不歇氣。

月亮濛幢幢，不下雨，就起風。

月亮濛幢幢，不下雨，必定發大風。

月亮打傘，曬得鬼叫。

月亮帶闌天落雨，大闌三日雨，細闌對時雨。

月亮靠北坡，有雨也不多。

月亮旁邊黃半圈，起風就在眼面前。

月亮燒霞，等水燒茶。

月亮毛東東，不下雨，便起風。

月暈主風，日暈主雨。

月暈圓主陰，缺了主風雨。

月暈有缺，主大風；無缺，主天陰。

月暈有口主大風，月暈無口主天陰。

月暈狹，戴葵笠；月暈闊，持雨傘。

月暈而風，礎潤而雨。

月兒有暈，關窗閉門。

月兒有暈，關窗閉門；暈而屬日，撐傘戴笠。

月落初十管三更。

月頭望初三，月尾望十六。（言初三有雨，上半月多雨；十六有雨，下半月多雨。）

月黑夜深閃鬼車。

月明燒邊，不出三天。

月離於畢，俾滂沱矣。

月過十五光明少，人過三十不少年。

月半十六正團圓（指月亮而言）。

月初浸種，月滿插秧。

月如彎弓，少雨多風；月如仰瓦，不求自下。

月懸似弓，少雨多風；月仰似瓦，不求自下。

月下周圍有黃圈，下雨就在上半天。

月耳且戴，不出百日，主有大喜。

月到山，潮漲三。（福建平潭諺）

月到中秋分外明。

不怕神和鬼，祇怕夜雨催。

不怕神和鬼，祇怕夜夜雨。（言二麥於立夏後數日內下雨，主歉收。）

不怕初一下，最怕初二陰。

不怕初一雨，祇怕初二陰。

不怕初一陰，只怕初二下；七陰八不晴，九日放光明。

不怕初一十五下，就怕初二十六陰。

不凍不熱，五穀不結。

不冷不熱，五穀不結。

不颳東風天不下，不颳西風天不晴。

今日火燒雲，明日曬死人。

今夜東北，明年大熟。

今夜日打洞，明日曬得背皮痛。

今夜日落烏雲洞，明日曬得背皮痛。

今晚黑雲接日頭，下雨就在明早後。

今晚日照橀，明早雨必停。

今晚雞鴨早歸籠，明朝太陽紅通通。

今晚蚊子惡，明天有雨落。

今晚烏飛聲咻咻，明朝大風混溜溜。

今朝不佳點（即指雨點而言），明朝曬破臉。

今天下到晚，明天曬破臉。

午未未申申寅寅卯卯辰辰巳巳午午，半月一遭輪。（論潮）

午前日暈，風起北方。

午後日暈，風勢須防。

午後雲遮，夜雨滂沱。

午時落雨兩頭空。

中午太陽暗，等水煮晚飯。

水底起青苔，卒逢大水來。

水底起青苔，必有大水來。

水面生青靛，天公又作變。

水荒百日，旱荒一年。

水荒頭，旱荒尾。

水荒一條綫，旱荒一大片。

水缸穿了裙，羊山起黑雲。（主雨）

水缸翻潮，明天大雨難逃。

水缸陰透，天必將雨。

水邊試行行，嗅得水中香腥氣味雨淋淋。

水霧不過三，過三郎旱十八天。
水凍三尺，不是一日之寒。
火烟望下埋，不久雨就來。
火烟筆直上，望雨卻妄想。
火燒烏雲蓋，有雨來得快。
毛毛雨，成大水。
毛頭霜，主明日風雨。
毛頭姑娘十八變，黃霉天公十八變。
壬子癸丑甲寅晴，四十五夜滿天星。
壬子癸丑甲寅晴，釘鞋木套掛斷繩。
壬戌癸亥，翻河倒海。
尺雪抵寸雨。
五更烏幢幢，午傍晒死儂。
木樨蒸。

〔五畫〕

北風兩頭尖。
北風來得早，耕田得把草。
北辰三夜，無雨大怪。
北辰三夜，不雨有異事。
北斗底下晃一晃，不是淸晨是後上。
北斗底下晃一晃，不是淸晨是後晌。
北閃三夜，無雨大怪。
北虹出來頭地。
北面火閃，下雨不遠。
北雲吹到南，大水打成潭；南雲吹到北，沒有水磨墨。
未曾落雨先唱歌，有雨落弗多。

未曾落雨先雷響，有落卻無多。
未雨轟雷，犀車莫停。
未雨先雷，船去步回。（言無雨也）
未雨先雷到雨不來，未雨先風，來也不凶。
未雨先哃雷，縱來也是微。
未雨先毛到夜不牢；未雨先風，來也不凶。
未熱先熱，四十五日陰濕。
甲子乙丑晴，弗如丁卯一顆星。
甲子乙丑晴，丙寅丁卯做中人，四十九日滿天星。
甲子丁卯夜有星，四十五日滿天星。
甲子落雨丙寅晴，四十五日放光明。
甲子豐年丙子旱，戊子蝗蟲庚子亂，若逢壬子水滔滔，只在正月上旬看。

甲寅乙卯晴，四十五日滿天星；甲寅乙卯落，四十五日雨滴涿。
甲寅乙卯晴，四十九日滿天星；甲寅乙卯落，四十九日雨滴涿。
甲寅乙卯晴，四十五日放光明；甲寅乙卯雨，四十五日看泥水。
甲午乙未，並無乾地；若有乾地，河乾千里。
甲申晴，米價平。
丙不藏日。
戊丙不全日，戊丙不藏日。
戊午己未甲子齊，便將七日定天機；七日有雨兩月泥，七日無雨兩月灰。
戊午庚申甲子期，好得六日合天機；六日有雨，六十日泥；六日無雨，六十日灰。

戊子己丑霹靂天，小小溝頭沒耳朵。

卯時雷，飯後雨。

卯時雷，飯後雨來催。

卯前雷，卯後雨來催。

卯雲漲，陰勝陽。

半夜五更西，天明拔樹枝。

半夜五更西，明朝拔樹枝。

半夜水鵲叫，不到明。

打頭雷，一百天發水。

打的雷大，落的雨小。

打場要天晴，場場要好風。

白虹下降，惡霧必散。

白虹下降有霧必放。

白虹下降，稻花受傷。

白鳥飛上莊，淹得蟲大光。

石礎濕，雨降落。

且晴且雨，稻變成米。

四日雨，餘有餘。

田家無五行，水旱卜蛙聲：上晝叫，上鄉熟；下晝叫，下鄉熟；終日叫，上下鄉都熟。

只可鹽灑灑，弗可滷滴滴（此言八月中有二個鹽和滷的日子，鹽日雨，主傷稻；滷日雨，死主稻。）

〔六畫〕

早看東南夜看西。

早看東南，晚看西北。

早看天無雲日出光漸明；暮看西北明，來日

定晴明。

早叫陰，晚叫晴，半夜鴉停不到明。

早叫陰，晚叫晴，半夜裏叫喚，不能到天明。

（水鳥叫也）

早哇（鳥叫）陰，晚哇晴，中哇雨淋淋。

早喔陰；晚喔晴；半夜叫，不到明。

早喔陰，晚喔晴，天中叫得水淋淋。

早鴰陰，晚鴰晴，半夜的鴰子不能到天明。

早鸛晴，晚鸛陰，半夜鸛，扯連陰。

早鴉叫落，晚鴉叫晴。

早鷗陰，晚鷗晴，半夜鳴到不了明。

早鴣雨落夜鴣晴，晝鴣叫叫熱煞人。

早上鵓鴣鳴，中午天窣淋。

早上斑鳩叫，主天晴；晚上斑鳩叫，主天雨。

早上涼，午上熱，要下雨，總得半個月。

早上陰陰，中下晴；半夜裏陰不到明。

早上晴，不算晴，小婆子當家不算靈。

早上晴，不算晴，小婆子當家不算能，晴天還是日頭西，當家還是正頭妻。

早上見霞，晚上漚痲。

早上燒霞，等水燒茶；晚上燒霞，乾死蝦蟆。

早上火燒（即霞）不到中，晚上火燒一場空。

早上布霞如噴血，下刻時辰冷雨滴。

早上來潮雨，日裏好曬被。

早上塗塗雲，下午曬死人。

早上薄薄雲，中上曬死人。

早上浮雲走，晚上曬死人。

早燒陰，晚燒晴，白雲接日不到明。

早燒天陰晚燒晴，黑夜燒了等不明。

早燒有雨晚燒晴。

早燒不出門，晚霞曬死人。

早燒莫洗衣裙，晚燒明日天晴。

早燒有雨晚燒晴，黑夜燒了等不明。

早晨燒雲懶出門，晚上燒雲曬死人。

早晨紅雲雨灑灑，晚上紅雲曬裂瓦。

早晨紅丢丢，晌午雨溜溜；晚來紅丢丢，早晨大日頭。

早晨紅丢丢，晌午雨溜溜；晚來紅丢丢，明朝大日頭。

早晨下雨當日晴，晚上下雨到天明。

早霞暮雨晚霞晴。

早霞天陰晚霞晴，黑夜燒霞等不明。

早霞雨淋淋，晚霞曬死人。

早霞晴不到黑，晚霞晴半月。

早霞紅丢丢，嚮午雨瀏瀏；晚霞紅丢丢，早晨大日頭。

早霞不出門，晚霞行千里。

早霞不過三日雨。

早霞不過晚間，晚霞不過明天。

早紅霞，大水沒人家；晚紅霞，曬煞老雞娘。

早紅雨滴滴，晚紅曬背皮。

早紅雨滴滴，晚紅曝背脊。

早出紅霞夜落水，晚出紅霞曬死鬼。

早出紅霞，滴濕頭顱；晡出紅霞，曬死蝦蟆。

早出日頭唔成天。

早起紅紛紛，等不到吃飯時。

早起紅雲雨滴滴，晚起紅雲日曬壁。

早起東無雲日出漸光明；暮開西邊晴，來日定光明。

早虹有雨晚虹晴。

早虹露西，晚上水齊牛肚皮。

早雨晏晴，晏雨留夜。

早雨晏晴，晏雨難晴。

早雨一天晴，晚雨下到明。

早雨不過卯，一天零碎攪。

早霧晴，晚霧陰。

早霧陰，晚霧晴。

早霧遮山腳，出門不須急；晴雲照日頭，甘雨自可求。

早白暮赤，飛沙走石。

早白暮赤，飛砂走石；日沒暗紅，無雨必風。

早間日珥，狂風卽起；申後日珥，明日必雨。

早間地罩霧，儘管洗衣袴；晚間天罩雲，明朝著鞋行。

早怕南雲漲，夜怕北雲推。

早變夜變，乾死黃鱔。

早變夜變，乾死黑蟮。

早要天頂穿，暮要四邊懸。

早晚三十里。

早雷不過午。

早夜風涼，晴到重陽。

早涼晚涼，乾斷種糧。

早西晚東風，曬死老長工。

有風不險。

有風颳在灘裏，有雨下在山裏。

有春風，才有夏雨。

有爿田，頂爿天。

有錢難買澆粱雨。

有雨頂上光，無雨四方（或作下）亮。

有雨四方（或作邊）亮，無雨頂上光。

有雨天開頂，無雨脚下（卽天邊也）光。

有虹在東，有雨落空；有虹在西，行人穿蓑衣。

有鳥遠飛於海面，天氣晴穩；蜘蛛張網時，亦為晴兆。

西風夜靜。

西風半夜絕。

西風不過酉。

西風不過酉，過酉連夜吼。

西風夜來絕，明朝推倒壁。

西風殺雨脚，泥頭曬不白。

西風殺雨脚，勿等泥頭白。

西風腰裏硬。

西風怕鬼。（言夜晚時多不起西風也）

西風頭，南風脚。

西風透雪。

西風旱了不下雨，東風澇了天不晴。

西風旱了不下雨，東風潦時不晴天。

西北風，雹子精。

西北風是天開鎖（主晴）。

西北風，莫栽松；如若去栽松，那是不成功。

西北風一發，懶惰阿娘一駭。

西北黑雲生，雷雨必振聲。
西北赤，好曬麥。
西南轉西北，捼索來牽屋。
西南轉西北，搓繩來絆屋。
西南早到暮（或作晏）弗動草。
西南陣，單過也落三寸。
西南雷，十三轟，大雨往下沖。
西虹雲，東虹雨。
西虹雨，東虹晴，南虹北虹動刀兵。
西虹雨，東虹晴，南虹北虹各家驚。
西面天空虹出現，明日有雨落綿綿。
百里不同風。
江南海北，一夜就熟。
江猪子過河要下雨。

先雷後雨，滴不得三滴麻雨。
先看雹，後聽雷，大雨後邊隨。
先濛濛不下，後濛濛不晴。
先下毛雨沒大雨，後下毛雨不晴天。
先潦後旱，任吓都見。
好雨下三場，糧食沒頭藏。
好日多風雨。
冰凍響，萊菔長。
多龍多旱。
汛頭風不長，汛後風雨毒。
在廳裏戴笠或擎傘，會促天公下雨。
羊搶草，蟻圍穴，蝦蟆攔路大雨烈。
羊搶草，蟻圍穴，蝦蟆攔路大雨烈；蛇溜道，蠶浸流，山牛大叫暴雨田。

曲蟮出洞雨報天。

曲蟮唱山歌，有雷落不多。

老鯉斑雲障，曬殺老和尚。

老翁今年八十八，未見東南陣頭發發一發，要落一丈八。

老娘比作秋後雨，下了一場短一場。

交月無過念七晴。

〔七畫〕

冷在二九，熱在中伏。

冷在三九，熱在中伏。

冷是冷在風裏。

冷是自己的冷，熱是自己的熱。

冷極生雨。

冷雨熱雪。

旱年雨澆山。

旱年多雨意。

旱年多雨勢。

旱年多雨水。

旱年東風不下雨，水年東風雨連天。

旱年只怕沿江跳，水年只怕北江（或作江北）紅。

旱了東風不下雨，潦了東風不晴天。

旱了東風不下雨，澇了西風不晴天。

旱了鋤頭會生水。

旱天多水色。

旱死不求東南雨。

旱澇失陰陽。

旱澇無收成。

旱鋤田，澇澆園。

旱鋤穀子濕鋤麻，連陰雨天鋤芝麻。

旱生蟆蝔澇生熟。

旱棗澇栗子。

旱棗澇栗子；不旱不澇收柿子。

求下雨，沒有大。

求來雨，落不大。

求得風靜吃麥穧。

辰間電飛，大颶可期。

辰間電飛，大颶可期；電光亂明，無雨風晴。

辰遮雲，好收麥；月遮辰，餓死人。

沒雨不蒔田，沒雪不過年。

沒有雪，不過年；沒有雨，不蒔田。

赤脚雪，百日雨。

見雪會晴。

見黑星（即黃昏時所出之星），大水淫；半夜星，白天晴。

罕山戴帽，農夫睡覺（主雨）

罕山戴帽，農夫起跳。

巫山戴帽，農夫睡覺。

男跌陰，女跌晴，老婆跌了驪死人。

夾雨夾雪，無休無歇。

快雨快晴。

狂風（指南風）有陡雨。

更裏起風更裏住，更裏不住颳倒樹。

伯勞叫三倒，歸家貓公作得洗鍋掃。

吹啥風，落啥雨。

〔八畫〕

東虹雨，西虹晴。

東虹晴，西虹雨。

東虹晴，西虹雨，南虹北虹動刀兵。

東虹風，西虹雨。

東虹風，西虹雨，南虹北虹賣兒女。

東虹風，西虹雨，南虹出來賣兒女。

東虹風，西虹雨，南虹出來發大水。

東虹日頭西虹風。

東虹日頭西虹雨，南虹北虹賣兒女。

東虹日頭西虹雨，南見刀兵北太平。

東虹日頭西虹雨，北虹動刀兵，南虹賣兒女。

東虹日頭西虹雨，南虹出來賣兒女。

東虹日頭西虹雨，南虹賣兒女，北虹動刀兵。

東虹雲彩西虹雨。

東虹雲彩西虹雨，出了南虹賣兒女。

東虹雲彩西虹雨，南虹北虹賣兒女。

東虹而雷，西虹而雨。

東虹忽雷西虹雨，南虹下大雨，北虹賣兒女。

東虹忽雷西虹雨，南虹出來發大水，北虹出來賣兒女。

東虹轟雷西虹雨，南虹荒旱北虹淹。

東虹轟雷西轟雨，南虹現了發大水，北虹現了無點水。

東虹空雷西虹雨，南虹出來發大水。

東虹雷鳴西虹雨，南虹上來曬死黍。

東虹雷，西虹雨，南虹出來賣兒女，北虹出來晒死黍。
東虹虹三千，西虹虹八百。
東虹賺一千，西虹敗一方西虹老龍精，勿落半年晴。
東虹蘿蕒西虹雨，南虹出來收大米，北虹出來殺兒女。
東弓（即虹）晴，西弓雨，南弓大風，北弓大雨。
東閃西閃，並無二點。
東閃西閃，沒有洗臉。
東閃西閃，曬殺泥鰍黃鱔。
東閃西閃無一點，南虹北虹大水（或作雨）點。
東閃日頭西閃雨。
東閃日頭西閃雨，南閃火門開，北閃有雨來。

東閃日頭，西閃雨。
東閃日頭紅，西閃雨重重，南閃長流水，北閃猛南風。
東閃日頭北閃雨，南閃烏雲西閃風。
東閃太陽西閃雨，南閃開門，北閃連夜來。
東閃雨重重，西閃日頭紅，南閃長江水，北閃鬼頭風。
東閃水濛濛，西閃日頭紅，南閃長流水，北閃好南風。
東霓日頭西霓雨。
東霓西水汲，雨落弗肯歇。
東鱟而雷，西鱟而雨。
東海（即虹）日頭西海雨；南海北海，刀槍之災。

東風疾雨落。

東風急雨打壁。

東風急，披蓑笠；風急雲起，愈急必雨。

東風急，備蓑笠。

東風急溜溜，難過五更頭。

東風解凍。

東風緊，雨兒穩。

東風晝夜吼。

東風下雨西風晴。

東風雨，西風晴，北風起來冷煞人。

東風陰，西風晴，南風發熱北風冷。

東風連夜走，西風不過酉；北風兩頭喧，南風旺於午。

東風四季晴，只怕起響聲。

東風四季晴，只怕東風弗起聲。

東風四季晴，只要東風弗起聲。

東風生蟲，西風殺蟲，南風的命，北風的病。
（指插秧後而言）

東風雲過西，雨下不移時。

東風雲過西，下雨不多時。

東風卯起雲，雨下巳時辰。

東風潮，西風雨，北風過來沒招架。

東北風，雨太公。

東北風，雨祖宗。

東北風，降雨雪；西南風，看日月。

東南風跳擲，三日退一尺。

東南風，上不來上來就要沒鍋蓋。

東南風，起不上來，起上來，就要沒鍋臺。

東南風，燥鬆鬆；東北風，雨祖宗。

東南風，好割稻帶來倪子（即兒子）好養老。（言晴不可靠）

東南陣，難得發；一發，要發三寸八。

東竄西，雨淒淒；西竄東，一場空。

東明西暗，等不到吃飯。

東焱，西霌湖烊副拆。（副讀逼，分析之意。）

東霍霍，西霍霍，明朝起來乾韾韾。

雨打五更頭，行人永無憂。

雨打五更，日曬水坑。

雨打早五更，雨傘不用撐。

雨打早五更，雨傘勿用撐；雨打雞啼丑，雨傘勿休手；雨打中，兩頭空。

雨打雞鳴丑，雨傘不離手；雨打黃昏戌，明朝可外出。

雨打甲子頭，四十五日不使牛。

雨打甲寅頭，四十五日勿停留。

雨打六壬頭，低田便罷休。

雨打百花心，百樣無收成。

雨打青苗田，外牀翻到裏牀眠。

雨打燈頭錢，二年好種田。

雨打紙錢頭，麻麥不見收；雨打墓頭錢，今年好種田。

雨打石頭斑，桑葉錢家難。

雨打鋤頭踵，削草勿落空。

雨打中，兩頭空；雨打早五更，雨傘勿用撐；雨打雞啼口，雨傘勿離手。

雨打秋頭，曬乾蟮頭。

雨滴戊申頭，四十六日大日頭。

雨落雞鳴頭，行人莫要愁。

雨落無小風，晴乾無大風。

雨落無小汎，晴乾無大汎。

雨落喳喳，有米無柴。

雨落五更，日晒水坑。

雨落祇怕天亮。

雨落着蓑衣，越馱越重。

雨落簷前死，點點滴舊痕。

雨落勿爬丘陵，身窮勿攀高親。

雨淋連庚戌，四十天草坯濕。

雨淋土地廟，一天十二暴。

雨淋淋，酒半斤。

雨灑塵，餓死人。

雨灑五更頭，行人永無憂。

雨前濛濛終不雨，雨後濛濛終不晴。

雨前雨絲晴，雨後雨絲陰。

雨前雨絲陰，雨後雨絲晴。

雨前生毛無大雨，雨後生毛不得晴。

雨前生毛不大雨，雨後生毛不晴天。

雨前雨毛沒有雨，雨後雨毛不晴天。

雨前蓬花（即細雨）弗肯晴，雨後蓬花弗肯落。

雨中蟬聲叫，預告晴天到。

雨中雜雪，刻不肯歇。

雨中現虹，一定晴空。

雨夾雪，沒收歇。

雨夾雪，不清潔。

雨夾雪，難得晴。

雨和雪，落不歇。

雨雜雪，落起不肯歇。

雨過天晴。

雨過天清。

雨過東風至，晚來越添巨。

雨過東風至，初三須有颶，初四還可懼。

雨住午下無數。

雨在石上流，桑葉好喂牛。（指三月而言）

雨未晴，看雲靈。

雨下虹垂，晴明可期。

雨師好黔，風伯好濆。

雨裏馬虎風裏賊。

雨雪連綿四九天。

雨雪年年有，不在三九在四九。

雨不能下一天，人不能窮一世。

雨竟能下一天，人也能窮一世。

夜雨三場。

夜雨日晴，天下太平。

夜裏下雨日裏晴，氣的懶婆腰眼疼。

夜裏星光明，明朝仍舊晴。

夜裏起風夜裏住，五更起風颳倒樹。

夜晴不是好晴，扒灰老勿是好人。

夜晴弗是好晴，晚娘弗是好人。

夜晴弗是好晴，晚娘沒有好心。

夜晴無好晴。

夜晴無好天。

夜晴無好天，姚婆沒好臉。

夜晴無好天，明朝仍舊雨綿綿。

夜晴沒好天，明天還一般。

夜雷三日雨，黔黠十八日。

夜起雷，三日雨。

夜綱草頭枯。

夜燒十里紅，早燒不出門。

夜半雨止雲消時，星光照地晴無疑。

河（天河）南北，吃麥粥。

河東西，吃新粞。

河東西，好使犂；河射角，好夜作。

河射角，可夜作；犂星沒，水生骨。

河攔環，呀瓜果。

河攔堰，明朝雨。

河路直直，餓得筆直；河路抽紉，餓死內家；河路橫橫，餓到明朝五更。

青天白光，曬死老蚌。

青𤇹白𤇹，曬殺老蚌。

青霞白霞，無水燒茶。

青霞漫天過，塘水（或作天）皆打破。

青霞漫天過，塘底都打破。

青岡紅岡，明朝曬死和尙。

青龍風急，大雨將來；朱雀風回，烈日晴燥；白虎風生，必有雨霧；玄武風緊，雨水相隨。

明星照爛地，來朝依舊雨。

明星照爛地，天亮依舊雨。

明星照爛地，天亮來不及。

明星照爛地，一夜落弗及。

明冬晤年黑十五，二十颳風收麋黍。

庚不落，辛發作。

庚不落，辛必落。

庚勿霑，辛要亂。

庚子必庚熱，庚申必庚晴。

長夜風勢輕，舟船最可行。

長江無六月。

長晴必有久雨，久雨必有長晴。

返照黃光，明日風狂。

返照黃光，明日風狂；午後雲遮，夜雨來催。

返照黃光，明日風狂；午後雲遮，夜雨滂沱。

迎雲對風行，風雨轉時辰。

近晚老鯉斑雲起，空陰無雨護霜天。

來朝雨，好曬被。

忽雷雨，三後響。

花彩雨，曬死人。

拆開窠，曬蓋蓋窠落。（以鵓鴣叫聲而定晴雨也）

受燈不受月。（言正月十五晴，八月十五定陰。）

〔九畫〕

星月照爛地，明朝晴弗起。

星月照爛地，明朝依舊雨。

星月照爛泥，等不到雞啼。

星子照濕地，落雨不歇氣。

星照濕地，天明仍雨；西風止雨，雨不隔夜。

星星稠，雨水流。

星星稠，雨水流；星星稀，不下雨。

星星稠，雨點流；星星稀，雨點滴。

星星稠，好收秋，七月七日牛郎織女淚長流。

星星稀，淋死雞；星星稠，曬死牛。

星星展眼，下雨不遠。

星星張眼，下雨不遠。

星星雞眼，離下不遠。

星密密，風篥篥；星稀稀，汗滴滴。

星密又拉眼，天晴不到晚。

星稀天涼爽，星密太陽蒸。

星光閃閃如搖動，不落雨，便起風。

星光閃閃如搖動，大雨下的沒處逃。

虹高日頭低，連夜落不忌。

虹高日頭低，明朝必定披蓑衣。

虹高日頭低，曬殺老雄雞。

虹高日頭低，有雨到雞啼。

虹高日頭低，大路打成溪。

虹高日頭低，大水滿過溪；虹低日頭高，大溪無水挑。

虹高日頭低，曬殺老雄雞；虹低日頭高，落雨落弗及。

虹高日頭低，曬殺老雄雞；虹低日頭高，淹煞老雄雞。

虹下雨垂，晴明可期；斷虹晚見，不明天變；斷虹早見，有風不險。

虹吃雨，下一指；雨吃虹，下一丈。

紅雲日出生，勸君莫出行；紅雲日沒起，更許便晴明。

紅雲日出生，勸君莫出行；紅雲日沒起，晴明

不可許

紅雲變黑雲，必定大雨淋。

紅日出時霧自消。

紅光反照，曬得癩痢頭醫蹺。

紅穿裙，雨傾盆。

風是雨頭。

風乃雨之頭。

風是雨頭，屁是屎頭。

風頭亂，場上漫。

風後暖，雨後寒。

風後暖，雪後寒。

風急雨落，人急客作。

風吹上元燈，雨打寒食墳。

風吹不隱日頭。

風吹佛爺面，有糧也不賤；風吹佛爺膀，有糧也不漲。

風向從南至東，恐有風雨；從北東來則雨；西風及北風則晴。

風向不定，爲天氣變動之兆。

風如鏺，雨如埃。

風打門，大天晴。

風鍦沒門，大風颳倒人。

風篩做久轉回南。

風寒暑熱，醫要曉得。

風與雲逆行，一定雨淋淋。

風起早晚和，須防明日多。

風雨朝相攻，颶風難將避。

風過雨傾盆，雲過都暗了。

風風涼涼，晴到重陽。

風潮年年做，獨怕中秋夾白露。

南風頭，北風尾。

南風尾，北風頭。

南風向北報，一定有雨到。

南風吹過北，有錢糴不得；北風吹過南，倉下無人擔。

南風猛過頭，坑溝唔水流。

南風暖，東風潮，北風過來沒處逃。

南風潮，西北風下。

南風大量，北風小相。

南風不進，北風不出。

南風不過響，過響聽風響。

南轉北（指風），下不測（指雨）。

南閃火門開，北閃有雨來。

南閃半年，北閃眼前。

南閃千年，北閃眼前。

南閃北照，落雨要到明朝。

南電北照，落雨來朝。

南霍三年，北霍眼前。

南睒火門開，北睒雨淋來。

南焱三日（言三日間有雨），北焱對時（言明日此時有雨也）。

南鈎風，北鈎雨。

南耳晴，北耳陰，日生雙耳，斷風截雨。

南耳晴，北耳雨，日生雙耳，斷風截雨。

南耳風，北耳雨，日生雙耳斷風雨。

南虹刀兵災，北虹換時代。

南雲撐到北，無水好磨墨；東雲撐到西，平地沖做溪；北雲撐到南，平地沖做潭；西雲撐到東，日頭赤烘烘。

南山曝北，非朝則暮。

要得暖，椿芽大似盌。

要得來年熟，冬寒三場白。

要問雨遠近，二十五日東南風。

要問雨遠近，但看東南風。

要知今年何風多，不妨試看老鴉窩。

要知下月有無雨，先看前月二十五。

要知明天熱不熱，就看夜星密不密。

要熱不熱，五穀不結；要冷不冷，六牲不穩。

要吃好酒親家公，要落好雨東北風。

要天暖，秫秫遮住眼。

若要盼天陰，只看東南風。

若要晴，望山清；若要落，望山白。

若非一番寒澈骨，焉得梅花噴鼻香。

若逢雨打丁巳頭，四十五天無日頭。

缸穿裙，雨傾盆。

缸穿裙，山戴帽，螞蟻搬家蛇過道。(主有雨)

重霧三日主有風。

重霧三日必大雨。

重霧天能陰。

孤雷主旱。

亮一亮，下一丈。

穿星穿在月背，蒔秧蒔在橋背；穿星穿在月口，蒔秧蒔在車口。

前月二十五，後月無乾土。

前月廿六七，後月看消息。

眉梁陣起西北雲黑似潑墨先風後雨晴天速。

食鹽化水，天降大水。

疥瘡癢，雨聲響；筋骨痛，雨打洞。

〔十畫〕

烏雲接日，有雨不出明日。

烏雲接日，有雨明日。

烏雲接日，就在明日。

烏雲接日，明日不如今日。

烏雲接日，雨卽倒傾。

烏雲接日，雨卽傾滴。

烏雲接日，雨卽頃刻。

烏雲接日，雨卽淅瀝；雲下日光，晴朗無妨。

烏雲接日半夜雨，烏雲接月一日晴。

烏雲接太陽，猛雨兩三場。

烏雲卽太陽，不過三天雨一場。

烏雲接了駕，決定把雨下；黑猪過了河，大雨躲不過。

烏雲伴日頭，半夜雨愁愁。

烏雲擱東，不下雨，就起風。

烏雲擱東，大路沖空；烏雲擱西，大路成溪。

烏雲過東，大路沖空；烏雲過西，大路變溪；烏雲過北，大雨勃勃。

烏雲吹過東，牆頭上曬死白頭翁；烏雲吹過西，騎馬着棕衣；烏雲吹過南，場地上好搖船；烏雲吹過北，場地上好曬穀。

烏雲如烏，落雨不小。

烏鴉號風。

烏鴉逆風飛，主風；順風飛，主雨。

烏肚雨，白肚風。（指海燕而言）

烏頭風，白頭雨。（指雲而言）

烏龍風，白龍水。

烏豬子過河，夜半雨霔霔。

海霞不過三，過三坍老天。

海霞不過三，過三十日乾。

海水熱，穀不結；海水涼，禾登場。

迷霧弗開總有雨，話事弗開總有鬼。

迷霧毒日頭，曬開癩痢頭。

高山雪，平地霜。

晏雨不晴。

晏出的日頭，晚娘的拳頭。

蚊虻聚堂中，明朝穿蓑篷。

蚊虻聚堂中，明朝穿蓑篷；螞蟻築壩陣，雷雨深盈寸。

蚊子嗡嗡叫，日間有雨到。

蚊蚋鳴聲如撞鐘，不下雨來就起風。

閃爍星光，雨下風狂。

閃照三千，雷聽一百。

時雨西南，老龍奔潭。

時霧即收，晴天可求。

烈風暴雨不終朝。

病人怕肚脹，雨落怕天亮。

倘見星子多閃動，非風即雨來相從。

烟不出戶，還要落雨。

格蛙叫三通，不要問家公。（格蛙是夏季候鳥之一種）
逆陣易來，順陣易開。
草頭露，樹杪無。
起雲主雨，收雲主晴。
蚤雨晏晴。
耕田望落雨，做客望天晴。
桂花蒸（陰曆八月天熱之謂）。

（十一畫）

雪不暢，等雪娘。
雪打高山，霜打平地。
雪花大，熟棉花。
雪花六出，先兆豐年。

雪兆豐年。
雪厚豐年兆。
雪仗風威。
雪趁風威。
雪多少，麥不差。
雪下多，麥不差。
雪怕羞。
雪等伴。
雪晴不消爲等伴。
雪姐久留住，明年好穀收。
雪裏加霜，凍死婆娘。
雪上加霜，連夜雨。
雪落有晴天。
雪化水成河，麥子收的薄。

雪水化成河，麦子收成籮。

雪是麦子的被子。

雪中有雷主連陰。

雪後寒。

雪後百日有大雨。

黄河（即天河）南北，早種蕎麦。

黄河東西，早辦寒衣。

黄河撮角，雞頭菱角。

黄河作壩，不過三天就下。

黄昏上雲五更曉。

黄昏上雲半夜消，黄昏消雲半夜澆。

黄昏黑，雨淋淋；半夜星，大天明。

黄瓜雲，淋煞人；茄子雲，曬煞人。

參當午，麦入土。

參正割田，辰正拜年。

參星參在月背上，鯉魚跳在鑊蓋上。

參星參在月爪上，鯉魚跳在鍋蓋上。

參星參在月口裏，鯉魚跳在石臼裏。

參星參在月身邊，叫郎廣種白蒲田。

逢庚必變。

逢庚須變，逢戊須晴。

逢庚則變，逢甲方晴。

逢庚雙變，遇甲即晴。

逢春落雨到清明。

連發三日東北風，定有大水後頭跟。

連吹三日西南風，秋雨不用問先生，牧牛小，送蓑衣。

連吹三日西南風，秋雨不必問先生，牧牛小

子披蓑衣。

連頭忽雷多雨雹，忽雷雨，連三場。

乾星照濕土，來日依舊雨。

乾星照濕土，明日雨不晴。

乾打雷，不落雨。

乾蒼蠅，水蚊子。

乾斷田徑眼前雨。

乾晴無大汛，落雨無小汛。

淋着土王頭，大雨滿坡流。

淋着土王頭，十八天不能使車牛。

清早下雨一天晴。

清早燒霞，晚上漚痲。

清早燒霞，晴不到黑；晚上燒霞晴半月。

清早馬；晌午牛；傍午騎個葫蘆頭。（言太陽早晚快，正午慢。）

清晨起海雲，風雨霎時辰。

清晨起海雲，風雨卽時辰；風靜又蒸熱，雲雷必震烈。

淹了得一半，旱了光眼看。

淹淹一條線，旱旱一大片。

晨時風，飯時雨。

晨間草葉無霜露，雨或風；霜露多則晴，霜消速則雨。

陰雲夜無露。

陰陰白白，稀麥變稠麥。

望晴看天光，望雨看天黃。

望雨看天光，望雪看天黃。

望日二十三，颶風君可畏；七八必有風，汛頭有風至。

魚鱗天，不雨也風顛。

鮊鯙風雲起，旱魃深歡喜。

鮊鯙風雲起旱魃精夯歡喜；仰面看青天，頭巾落在麻坼裏。

蚯蚓唱山歌，有雨落不多。

蚯蚓早出晴；暮出雨。

寅時雷，卯時雨。

密星無雨。

強風怕日落。

細雨落滿田。

晝暖夜寒，東海也乾。

做了寒衣楊柳青，做了夏衣水結冰。

做到老，學到老，南風吹來（十月南風有雨）要收稻。

彗星見，天下亂。

頂風雨；順風船。

莊稼就怕起秋旱。

梅花風打頭，楝花風打末。

巢居知風，穴居知雨。

掛龍不過三日雨。

蛇溜道，甕浸油，山牛大叫暴雨流。

啄木鳥叫一叫，大雨將要到。

崑山日日雨，常熟只聞雷。

野薔薇開花立夏前，不久大雨卽綿綿。

（十二畫）

朝日烘天，晴風必揚；朝日烘地，細雨必至。

朝日帶紅色，有風雨；落日呈紅色則晴。

朝日洞明，霧甚則不見天沙石至淨，流濁則不見地。

朝虹雨，夕虹晴。

朝虹晚雨，晚虹旱出屎。

朝霞暮雨晚霞晴。

朝霞暮雨，夜霞絕雨。

朝霞暮雨，暮霞炙出老顱髓。

朝霞暮霞，無水煎茶。

朝霞晚霞，無水泡茶。

朝霞不出市，晚霞走千里。

朝霞不出市，暮霞走千里；暮看西無窮，明朝更晴明。

朝霞不出門，晚霧行千里。

朝霞紅丢丢，晌午雨滴頭；晚霞紅丢丢，早晨大日頭。

朝叉天，暮叉地。（主晴）

朝西暮東風，正是旱天公。

朝西夜東風，做煞老長工。

朝看東南，暮看西北。

朝看東南黑，勢急午前雨；暮看西北黑，半夜聽風雨。

朝看東南黑，午後雨急至；暮看西北黑，半夜有風雨。

朝要天頂穿，暮要四脚懸。

朝看天頂穿，夜看四團圞。

朝翻三，晚翻七；上晝翻風不過日；半夜翻風冷透骨。

朝糊塗，晝熱煞。

朝霧消，曬穀不用瞧；朝霧延，必定雨連綿。

朝裏烤曬晴，喫飯曬殺人。

朝鷗陰，暮鷗晴。

朝出晴，暮出雨。（以蕈菌而言）

朝出曬煞，暮出濯煞。

朝出紅霞，滴濕頭顱；晡出紅霞，曬煞蝦蟆。

朝怕南雲漲，夜看北雲攤。

朝怕露水晝怕熱，夜怕蚊蟲早點息。

朝雷不過午。

朝雷暮雨最難當。

朝枷風，夜枷雨。

朝弓風，晚弓雨。

朝風一夜雨。

朝華（即霞）勿出市，夜華走千里。

朝挂索，夜滴督。

朝網長江水。

朝白暮赤，飛砂走石；日沒晤紅，無雨必風。

朝生鬚，夜赤脚；夜生鬚，著鞋襪。（生鬚即太陽被雲遮住後之光芒）

朝南上來疙瘩雲，不出三日雨淋淋。

晴天大日頭，風雨不停留。

晴天見山，主陰；陰天見山，主晴。

晴天無火日，窮人無生日。

晴天找屋漏，雨落仍依舊。

晴天還是日頭西，當家還是正頭妻。

晴乾無大風，雨落無小風。

晴乾無大汛，雨落無小汛。

晴乾吃豬頭，雨落吃羊頭。

晴乾鼓響，雨落鐘鳴。

晴勿過月，落勿過月。

晴夜成露，冷結爲霜。

晴則似刀，雨則似膏（指夏季而言）

雲行東，車馬通；雲行西，水沒犂；雲行南，水漲潭；雲行北，好曬穀。

雲行東，車馬通；雲行西，車馬濺泥；雲行南，水漲潭；雲行北，好曬麥。

雲行東，雨無踪，車馬通；雲行西，馬濺泥，水沒犂；雲行南，雨潺潺，水漲潭；雲行北，雨便足，好曬穀。

雲行東，馬頭通；雲行西，雨淋雞；雲行北，晴不足，日生雙耳斷風雨。

雲行東，一陣風；雲轉西，雨淒淒；雲走南，雨成潭；雲向北，好曬穀。

雲行南，雨潭潭；雲向北，老鶴尋河哭；雲向西，雨沒犂；雲向東，塵埃沒老翁。

雲往東，一陣風；雲往西，披蓑衣；雲往南，水漂船；雲往北，曬大麥。

雲往東，一陣風；雲往南，水漣漣；雲往北，一陣黑；雲往西，送牛小子披蓑衣。

雲往東，一陣風；雲往南，水漣漣；雲行北，一陣黑；雲往西，莊稼子披蓑衣。

雲往南，水連天；雲往北，一陣黑；雲往東，一陣風；雲往西，放牛小孩着蓑衣。

雲向西，塵埃沒老翁。

雲向西，濺泥水沒犂。

雲向南，雨覃覃；雲向西，雨沒犂。

雲向南，雨潭潭；雲向北，老鸛尋河哭；雲向西，雨沒犂；雲向東，塵埃沒老翁。

雲向北，老鸛河河哭。

雲走東，有雨變成空；雲走西，騎馬披蓑衣；雲走南，蹝雨晴不難；雲走北，有雨落到黑。

雲過東，紅東東；雲過西，雨細細；雲過南，雨打潭；雲過北，好曬穀。

雲流南，水連天；雲流北，一陣黑；雲流東，一場空；雲流西，莊稼老頭披蓑衣。

雲撐南，水沒潭；雲撐北，溪坑當中好曬穀。

雲彩南，水漣漣；雲彩北，乾研墨。

雲彩南北溜，不是明就是後。

雲彩出了朵，下雨下的沒頭躲。

雲彩吃了火，下雨下的沒處躲。

雲開見日。

雲開日現。

雲從龍門起，颶風連急雨。

雲從東北漲，下雨不過晌。

雲頭雨。

雲頭裏看相殺。

雲中日頭，後娘的舌頭。

雲裏來，霧裏去。

雲裏雨，嚇小鬼。

雲交雲，雨淋淋。

雲交雲，雨相飄。

雲上雨滂滂；雲下曬死馬；雲轉北，雨嘓嘓。

雲佈滿山底，連宵雨亂飛。

雲起南山暗，風雨辰時見。

雲鈎午後排，風俗囑人猜。

雲鈎午後排，來朝囑人猜：夏雲鈎內出，秋風鈎持來。

雲似一條線，原來是水塹。

雲似砲車形，無雨定有風。

雲若砲車風必起。

雲勢若魚鱗，來朝風不輕。

雲像鱗片，落雨明天。

雲燒火，沒處躲；火燒雲，曬死人。

雲隨風雨急（或作疾）。風雨霎時息。

雲騰致雨。

雲自東北起，必定有風雨。

雲下日光，晴朗無妨。

雲收雨散。

雲不遮午。

雲很少，天氣總不錯。

雲食霜，等不到黃荒（黃荒即黃昏）。

雲色惡，必有雹。

黑雲驚老婆，白雲下雨多。

黑雲接爺，等不到半夜。

黑雲接，下半月。

黑雲接了駕，決定把雨下。

黑雲接的低，有雨在夜裏；黑雲接的高，有雨在明朝。

黑蓋紅（即雲遮太陽），等不到頭。

黑豬過河，好雨必落。

黑豬過河，大雨滂沱。

黑豬過了河，好雨躲不過。

黑頭風，白頭雨。（指夏雲而言）

黑夜下雨白天晴，打的食糧無處盛。

黑夜下雨白天晴，苦煞長工忙不停。

黑夜下雨白日晴，莊稼收了沒處盛。

晚雨必大；晏雨不晴。

晚霧卽清，可望天晴。

晚霧初收，晴明可求。

晚霞一百天。

晚霞燒過天，明日起青煙。

晚上起風早上息。

晚上大雨，隔天早上，日光晶耀，必非晴明之兆。

晚上火燒一場空，早上火燒等不到中。

晚間起東風，明朝太陽紅通通。

晚間西風起，大雨自東趨。（指夏而言）

晚晴十八天。

晚起大風早不息，太陽落後必定絕。

開門風，閉門雨。（卽白日多風，夜間多雨之意。）

開門風，關不住；關門不住颳倒樹。

開門雨，閉戶晴。

開門雨，晚後晴。

開門雨連連，晴朗在午前；日落雲漫滿，雨落在夜半。

開門落雨吃晴飯，吃飯落雨勿肯晴。

開門落雨吃飯晴。

開頭門戶多頭風。

無風不起浪。

無風而電線有聲，爲天氣不良之兆。

無風電線響，空氣定不良出不帶雨具，落時無處藏。

無雨莫種麥。

無雨不種麥。

無雨四下亮，有雨頂上光。

無冷無熱，五穀不結。

無事七八九，莫向江中走。

寒西風（主晴），夏西風（主雨）。

寒張堰；熱常熟。

蛙援木鳴雨；雞登高鳴晴。

蛙蛤叫三通，晴明不用問家公。

善晴必有惡陰。

善晴必有惡陰；久晴必有久陰。

惡風盡日沒。

雁過十八日下霜。

雁不過南不寒；雁不過北不暖。

疎疎星，密密雨。

棒棰底溜溜，晴天大日頭。

跌倒漢子，曬乾院子；跌倒妮子，淹死雞子。

單耳風，雙耳陰，天上三環套，地下兵馬鬧。

等（指月牙臥），水在天；立（指月牙豎），水在地。

（十三畫）

雷打正月節，二月雨不歇；三月桃花水，四月田開裂。

雷打立春節，驚蟄雨不歇，淸明桃花水，立夏田間裂。

雷打菊花心，柴米貴似金。

雷打菊花開，來年米麥塞破街；雷打菊花心，來年米麥貴似金；雷打菊花頭，來年米麥貴似油；雷打菊花尾，來年米麥活見鬼。

雷打三十晚，必定要造反。

雷打冬十個牛欄九個空。

雷聲一百八。

雷聲大來雨聲小。

雷聲大，雨聲小，一天零碎攪。

雷聲大，雨點細。

雷公先唱歌，有雨落不多。

雷公沽開，韭稗子僭走禾。

雷公轟轟響，魚鼈滿田間。

雷震秋，禾半收。

雷震秋，晚禾折半收。

雷震秋，禾多收。

雷響一百八十里。

雷響正（正月），母子人士驚。

雷鳴百里，閃電三千。

雷聽八百，閃照三千。

雷扣秋高下有雨。

雷電百里，閃照一千。

雷轟天頂，雖雨不猛；雷轟天邊，大雨漣漣。

雷初起，艮方糴賤；乾方國安；震方歲豐；坤方蝗蝻；坎方雨多；巽方蟲生；兌方金貴；離方主旱。

電光西南，明日炎炎；電光西北，雨下漣漣。

電光亂鳴，無雨風晴。

雹三千，雷八百。

雹雷八月中秋見，冬來穀米不順情。

當頭雷無雨，卯前雷有雨。

當午紅，兩頭空。

當熱不熱，五穀不結。

當旱焦，傘子要當午紅，兩頭空。

落雨見星，難望天晴。

落雨出日頭，皇帝伯伯嚼舌頭。

落雨碰爛泥，拔一脚，滿一脚。

落雪沒有烊雪冷。

落雪溫和烊雪寒。

落五不落六。

落一尺冬雪，要發三尺春水。

落得冬雪有河豚，豚一仰頭，水大之意。

落點起泡定連陰。

該熱不熱，五穀不結；該冷不冷，五穀不整。

該熱不熱五穀不結；該冷不冷，五穀減少收成。

該熱不熱，五穀田禾不結；該冷不冷，五穀田苗不長。

該冷不冷，不能吃餅；該熱不熱，五穀不結。

新月照後牆，人食狗剩糧。

新月照爛尾，明天必落雨。

新月下有雲，明朝雨淋淋。

鳩鳴天雨；雀噪天晴。

鳩鳴有還聲，主晴；無還聲，主雨。

鳩夫呱晴。

遊絲天外飛，久晴便可期。

遊絲天外飛，晴朗便可期。

過了八達嶺，征衣添一領。

暈門開處，風色不狂。

暈門開處，風色必狂。

著夜燒，戴篛帽。

著夜燒，明朝戴個大箬帽。

暖氣早來，螟蟲爲害。（指稻而言）

亂雲天頂絞，風雨來不少。

羣星光熠忽，明晨雨絲急。

蜉蝣繞天空，雨下不相逢。

鄉裏風，城裏雨。

（十四畫）

蜘蛛張網時，爲晴兆。

蜘蛛屋角添絲，一定好天時。

蜻蜓集墟，大雨將來。

蜻蜓高，曬得焦；蜻蜓低，一壩泥。

蜻蜓千百繞天空，不過三日雨濛濛。

鳶高舞，則有風。

鳶飛晴，鴉棲雨。

鳶鳥高飛晴，烏鴉爭棲雨、

遠寺鐘聲明瞭，爲雨兆。

遠寺鐘聲明瞭，定是下雨先兆。

遠寺鐘聲聽得淸，天氣也不晴。

遠山看得近，天氣總不晴。

蒸著時，概多風雨。

對日紅，不到明。

滿天無雲翳而快晴，爲風或風雨之徵。

瘋子皇帝呆頭天，晴半年來落半年。

種田，寒耘田顫。

（十五畫）

熱極則風。

熱極生風。

熱極生風，冷極生雨。

熱極生風冷下雨。

熱生風，冷生雨。

熱燥生風。

暴雨不一刻，驟雨不終日。

暴雨分牛脊，烏鴉濕半邊。

暴風不終日。

暴寒難忍熱難當。

暴熱難過，暴冷難傲。

潮雲響雷大水。

潮到二十，人到四十。

暮光獨天，日色連陰。

樓梯天（指雲），曬破磚。

樓梯雲，曬破磚。

颳風走小巷，下雨走大街。

鴉浴風，鵲浴雨，八哥沐浴斷風雨。

鴉浴風，鵲浴雨，八哥兒沐浴，斷風截雨。

蝦蟆叫，水甕浸；如不信，拔艾根。

蝦蟆叫成通，不用問家公。

蝦蟆哇哇叫，大水漏鍋竈。

蝗蟲過後水潦災。

蝗多主旱；蝦多主水；蟹多主熟。

稻葉着露是晴天。

〔十六畫〕

曉雲東不慮，夜雲愁過西。

曉霧卽收，晴天可求。

曉霧卽收晴天可求；霧收不起，細雨不止。

燒雲到頭下滿井。

濃霜猛太陽。（指冬令）

霓現雨止。

霍閃催雷，雷催雨。

燕低飛，蛙屢鳴，均雨兆。

燕低飛，蓑衣遮；蛙屢鳴，難望晴。

燕子低低飛，大雨必快來。

燕子鑽天，蛇溜道，牛舐前蹄雨就到。

燕雀高飛晴天告，低飛雨天報。

龍行有雨。

龍王現殿，不過三朝天變。

龍掛山要雨也勿難，龍掛海要雨也勿來。

龍掛江，晴堂堂；龍掛河，白糊糊。

螞蟻築壩陣，雷雨盈寸深。

螞蟻築壩連朝雨。

螞蟻穿道，定主雨潦。

螞蟻成羣，明天勿晴。

螞蟻成羣扒牆上，雨水淋濕大屋樑。

螞蟻歸穴久雨報。

螞蟻盜窠要下雨。

螞蟻攔路，大雨如注。

螞蟻上高，天要落雨。

螞蟥游水面，無雨也不遠。

貓兒蹲在屋角，三天內必有風雨。

貓兒吃青草，雖旱不用禱；犬兒吃青草，戽水快趁早。

貓吃水，天要晴；狗吃水，天要雨。

貓洗臉，雨就見。

貓擦耳，雨就止。

貓爪擦耳朵，晴天不用說。

貓蹲屋頂，雨即傾滴。

貓三，狗四，豬五，羊六，牛十二，馬廿四。

樹貓叫三聲，不下雨，便颳風。

龜兒出來爬行，天將下雨。

螢火飛高，落雨漕漕；螢火飛低，日頭曬死蟻。

豬顛風，狗顛雨。

（十七畫）

霜前冷。

霜前冷，雪後寒。

霜前暖，雪後寒。

霜後暖，雪後寒。

霜上有鎗芒，必然主吉祥。

霜下東風一日晴。

霜見霜降，霜止清明。

霜重見晴天，雪多兆豐年。

霜吊南風如毒藥（指十月）。

霜打平地。

霜殺低窩，霧掠高抑。

霜淞打霧淞，貧兒備飯甕。

霜蟹雪螺，味不在多。
颶風不終朝。
颶風不終朝，驟雨不終日。
濕地出星，雨落唔晴。
濕了老鴉毛，麥在水中澇。（相傳四月二十日爲老鴉生日那天下了雨，麥收就不好了。）
燥地落雪，河底開裂。
濛沙雨，牛馬會脹死。
蟈子叫三倒，歸家不見竈。

〔十八畫〕

霧裏日頭，曬破（或作開）石頭。
霧提雨。
霧溝風，霧溝雨。
霧溝風，霧山雨。
霧晴霧晴。
霧收不起，細雨不止。
霧露不收就是雨。
霧露勿醒，必定要落。
霧露在腰（山腰），有雨在今朝。
霧露迷迷，蟹價極低。
霧露三朝西風必到；曉星夜明，風潮難靖。
霧露開，旰飯來。
斷虹早見，有風不險；斷虹晚見，不明天變。
斷虹早挂，有風不怕。
斷虹早挂，有風不怕；虹下雨垂，晴明可期。
斷虹晚見，不明天變。
斷雲不過三。

豐年三尺雪。

豐收年不下過透雨。

雙日發單風，單日發雙風。

甕穿裙（即水缸等外表近地部潮濕），大雨淋。

蟲霜水旱。

騎月雨難晴。

礎潤而雨。

鵓鴣叫雙聲，長落勿肯晴。

鵓鴣樹上啼，意在麻子地。

（十九畫）

關門落雨開門晴，氣死懶惰人。

關門風，開門住；開門不住吹倒樹。

簷不乾，雨不淨。

簷前插柳青，農人休望晴；門前插柳焦，農人好撒嬌。

簷前插得楊柳青（指清明日），農人休望晴；簷前插得楊柳焦，農人好作嬌。

鵲噪早報晴。

鵲巢下地，其年大水。

鵲巢低主水，高主晴。

蟻王出覓食風雨不可測。

蟻戰於途，天將有雨；燕子高飛，雨將兆晴。

獺窟近水邊不必去問仙。（其窟近水主旱；近岸主雨。）

蟾蜍叫唧唧，明天雨滴滴。

霓高日頭低，曬煞老雄雞；霓低日頭高，落雨要討饒。

識每護霜天，不識每着子一夜眠。

〔二十畫〕

蘆花秀，早夜寒。

蠓蟲春碓，主雨；拐磨，主風。

鯽雨；鱔晴；鮎乾；鯉濕。

竈灰溫作塊，定有大雨來。

〔二十一畫〕

露結爲霜。

露多夏至後，春分秋分無。

露一露，下個够；晃一晃，下三晌。

露着太陽下大雨，一千錢，一斗米；露着太陽下着雪，一千錢，一斗麥。

鷄婆（鳥名）行風坐雨。

癩肚蝦蟆躲午。

〔二十二畫〕

鶴神上天怕馬叫，如逢下地怕狗叫。（上天之日爲甲午，下地之日爲庚戌，此二日如下雨，則雨必綿綿也。）

〔二十三畫〕

曬乾楊柳好種田。

曬死不可注豆田。

曬伏尾，淋伏頭。

〔二十四畫〕

驟雨不終朝，迅雷不終日。

驟雨不終日，飇風不終朝。

鼈探頭。南望晴，北望陰。

鼈探頭，占晴雨：南望晴，北望雨。

鸓高日頭低，有雨到雞啼。

鵓鴣（卽斑鳩）叫早樹尾晴；鵓鴣叫晴，樹尾滴泵。

（二十五畫）

鬬風，雨；順風，雲，

（二十六畫）

觀音勿報，雷公睡覺。（是說六月十九日不雨，則六月廿四日必晴。）

（二十九畫）

鸛鳥仰鳴，晴；俯鳴，雨。

第三編　作物之部

〔一畫〕

一粒穀，七擔水。

一粒米珠一滴汗。

一麥抵三秋。

一麥趕三秋。

一麥當三秋。

一麥當小秋。

一穗半穗，個半月上囤。

一穗兩穗個（或作一）月上囤。

一穗兩穗，四十天上碓。

一年長一寸，逢冬爛五分。

一年不收二麥。

一年高粱三年窮。

一年樹穀，十年樹木，百年樹人。

一年青，二年紫，三年不斫四年死。（指紫竹而言）

一枝動，百枝搖。

一枝不動，全枝不搖。

一畝田，一畝地，翻轉翻搭吃勿及；十畝田，十畝地，勿翻勿弄吃個屁。

一畝園，十畝田。

一畝桑園，三畝莊田。

一畝桑園，十畝莊田。

一畝菜園十畝田，十畝菜園賺大錢。

一步三按，旱潦都擔。

一步三按九根苗。

一犂三把，不成說吓；光犂不把，枉打一夏。

一鋤二耕三糞事。

一天一個暴，田埂要收稻。

一日三澆十八好動刀（指菜而言）

一夜黃秧十夜稻，十夜黃秧追勿牢。

一季種田三季收稻。

一尺麥怕一寸水，一寸麥不怕一尺水。

一地不收二麥。

一石麥，一畝地。

一面開花四面結，四面開花一面收。

一朵兩朵，十八天吃老角。

一隻壞梨，能壞一筐。

一條草，一滴露。

一斤子薑，不如一斤老薑。

〔二畫〕

二麥不怕神與鬼，只怕立夏後夜雨。

二麥不怕神共鬼，只怕四月初八夜裏雨。

二麥好收成，但看霜降屬什行；若還屬火火燒死，若是屬水水淹沉。若是屬金收一半，若是屬木盡收成。

二遍秫秫，三遍穀。

七兩爲參，八兩爲寶。

七成收八成丢。

七不動，八不拔，九要動鍬打犂滑。

七疙瘩，八疙瘩，一畝地兩捆花。

七葱，八蒜，九蠶（蠶豆），十麥。

七簇落地，還種嗄個麥地。

八十歲的公公，難定柴米價。

九年三熟。

九年三熟，以魚吃肉。

九盡種秫秫，穀種三月中。早了啃啞叭，晚了穗頭鬆。種到正楞頭，打頭總不輕。

九棟三桑一株槐（言生長不同）。

十年九不收，一收勝十收。

十年九不收，一收勝十秋。

十年九不收，遇到一年收，鍋櫱粘牆頭。

十年三反覆。

十年崗窪一樣收。

十年高下一般收。

十日三遍澆，卄日好動刀（言蔬菜）。

十麥九收。

十桃九蛀。

十石稃子九石糠，碓搗磨碾磨衣裳。

十石糁子九石糠，推碾搗磨磨衣裳。

十年樹木，百年樹人。

人怕老苦，稻怕秋乾。

人怕老來苦，稻怕秋後旱。

人怕老來苦，麥怕胎裏旱。

人在場上轉，稻在田中串。

人在牀上滾角落，稻在田裏唱歌曲。

人在人下能長，樹在樹下不長。

人多講出理來，稻多舂出米來。

人熱則跳，稻熱則笑。

入伏不點豆，點豆也難收。

入伏不露莢，一定是不打。

〔三畫〕

三十高粱初一穀。

三月種，一月收。

三日荷花，兩日牡丹。

三日新鮮四日厭。

三日蘿蔔四日菜。

三日蕎麥四日菜，五日六日有得配。（配即有菜佐膳之意）

三朝油麻四朝豆。

三畝莊子二畝場。

三破四旱五打頭，到上六月水長流。（是言藝菊之法）

三分四打頭，五六水澆流，七八上肥料，十九看繡球。（藝菊之法）

三星未晚響，二麥騰騰長。

三朵棉花抵種稻。

大麥小麥，不分不種。

大麥不過年，小麥不過冬。

大麥不過芒種，小麥不過夏至。

大麥種到年，只問什麼田。

大麥種到年，只愁沒有沒多田。

大麥上場小麥好，快活不過莊稼老；種一個，打兩個，落燒草。

大麥上了場，小麥發了黃。

大麥發了黃，養蠶家家忙。

大麥飛過牆，小麥要像娘。

大麥黃，小麥黃，媽媽丢叮噹，爹爹喜年豐，天天打麥不怕窮。

大豆最怕霜降早。

大熟年成隔壁荒。

小麥是個鬼，只怕四月初八夜裏雨。

小麥不怕神，獨怕初八夜裏雨。

小麥不怕神和鬼，只怕七日八夜雨。

小麥不怕神和鬼，只怕四月八日雨。

小麥過小滿，勿割自會斷。

小麥上場，新媳婦下床。

小米上了倉，大米發了黃。

小棗要曬，大棗要涼。

小杏塞住鼻，權花亦不遠。

小孩要管，小樹要修。

上田（即好田）好麥。

上年蝗蟲鬧成災，今年多把黑豆栽。

下飯夏裏吃，南瓜大茄子。

下大了，麥罷了，葫蘆卷長大了。

千粒米，不成滴；千年麥，不成白。

千年松，萬年柏。

千年弗大黃楊木。

千朵桃花一樹開。

千戽萬戽，不及處暑一戽。

千車萬車，不及處暑一車。

山查青，舂米心；山查紅，叠稻棚。

山藥地要鬆，甘蔗行要齊。

土裏芝麻泥裏豆。

寸麥不怕尺水，尺麥却怕寸水。

口唱歌來手插秧，今年收穀穀滿倉；牛出力來牛吃草，做官的吃米我吃糠，老鼠也要三石糧。

（四畫）

木有本，水有源。

木梓不空身。

木再花，夏有雹；李再花，秋大霜。

不怕旱苗，只怕旱籽。

不怕三黃，只怕一黑。（三黃指白椒、栗子、柿子。一黑指棗。前三者熟時天氣溫暖；後者熟時，那就很冷了。）

不怕頭水晚，全憑二水趕。

不是肥土不栽薑，不是好漢不出鄉。

不上糞，瞎胡混。

不收天豆收地豆。

不剝不沐，十年成轂。（指種榆）

不稀不稠，容個指頭。（指播種器倉眼大小的標準）

今年栽竹，明年吃笋。

今年栽下一棵桃，他年成熟吃不了；今年栽下一棵槐，他們柴火不用買。

今年栽下一株桃，他年果子吃不了。

今年栽下一棵桑，他年蠶兒有吃糧。

今年我們要種棉，先要將田耕一遍，耕了還要注意耙耙勻細土成平面。春霜不來已半月，穀雨時候好時節，這個時候不逾限，種棉之利穫上上。種棉法子有三個，最好就是用條播，條播出苗可望多，留強去弱都在我。棉花種子如不多，種棉祇好用點播，撒播費工多費種，此法種棉殊不可。棉子種到溝裏去，溼土不宜蓋太厚；中棉株體小，行開距離二尺好；洋棉株體大二尺距離猶嫌少；中棉株距五六寸，洋棉還是大些好。棉苗出了土，有草就要除，地面常鋤鬆，收成可望豐。棉苗兩株生一起，要將弱的快除去，倘有異種生棉田，也應一律齊拋棄。棉種既能選好種，播種又不失時期，每年肥料下均勻，棉田管理又得宜；照此棉歌做下去，管教發財賺大錢。

天乾種蕎子，必定有收穫。

天下十三種，種地全憑水糞工。

水過田肥。

水葫蘆，早西瓜。

水豆水豆。

五黃六月去種田，一天一夜差一拳。

五穀雜糧數米大。

五畝之宅，樹之以桑，五十者可以衣帛矣。

六月韮，臭死狗。

月季花開朵朵紅。

月季花落剪去蒂，花朵隨發無停滯。

什麼葫蘆結什麼瓢，什麼種子出什麼苗。

什麼葫蘆結什麼瓢，什麼根子長什麼苗。

什麼根，什麼苗，什麼葫蘆什麼瓢。

毛豆綱打牆，糴米完糧。

毛澆料，勿如淡削草。

毛蟲吃柴，百姓吃茶；毛蟲吃桑，百姓吃糠。

井水無大雨，新林無長木。

日中不薅韭，觸露不掐葵。

歹竹出好筍。

尺麥難經寸雨。

斗大的荸薺，還有些土氣。

升楡斗柳。

〔五畫〕

禾黃雨落，飯好火着。

禾黃雨落，飯熟火著。

禾耘三到米無糠，棉鋤七到飛過江。

禾怕午時風。

禾怕寒露風，人怕老來窮。

禾怕白露風，人怕老來窮。

禾到立冬死，有青禾，無青米。

禾老目着穀。

田要多耕，豆要多種。

田要冬耕，子要親生。

田怕秋乾（或作旱），人怕老窮。

田怕秋日旱，人怕老來窮。

田不在瘠，有水則靈；山不在高，栽樹造林。

田雞（即蛙）叫在午時前，高田有大年；田雞叫在午時後，低田勿要愁。

田雞叫得啞，低田好稻把；田雞叫得響，田內好牽漿。（言三月三日天氣）

仙人難斷菜價。

仙人難斷桑葉價。

打不落的青大麥。

打不盡的芝麻，摘不盡的棉花。
打春的蘿蔔；立秋的瓜死了媳婦的老人家。
瓜熟蒂落。
瓜熟自落。
瓜多子兒少。
瓜老一歇，人老一年。
生薑老的辣。
生薑老的辣，甘蔗老頭甜。
出麥不怕火燒天。
出來不倒股，不如土裏塢。
只有種上丟了，沒有種上收了。
只聽黃鸝叫，二麥就相熟。
甘蔗老頭甜，愈老愈鮮甜。
甘蔗老頭甜，吃得要討添。

甘瓜苦蒂，物不全美。
北瓜地裏聽雨，楊樹底下聽風。
冬瓜有毛，茄子有刺；丈夫有手，妻子有勢。
石滾響，拉瓜長。
巧做不如多上糞。
平價側落。（說月平則米價漲，月側則米價廉。）
包穀去了頭，力氣大似牛。
布穀布穀，新陳不相續；富家笑，貧家哭。
汁出賴賴，強如做債。（賴賴，淋漓貌。言禾半熟而汁出，刈而食之，猶勝舉債也。）

〔六畫〕

早禾蒔上壁，番禾隔一尺。

早禾蒔泥皮，番禾蒔泥肉。

早禾趕蒔，番禾（即冬禾）趕耘。

早禾難出快黃，番禾快出難黃。

早禾割禾花，番禾割操扠。

早禾怕夜風，番禾怕夜雨。

早禾怕東風，遲禾怕雷公。

早禾落霧落張刀，晚禾落霧落脂膏。

早禾壯，宜白撞。

早稻播龍眼花，晚稻播龍眼皮。

早稻晚麥，十年九壞。

早穀晚麥，十年九壞。

早秫晚麥不歸家。

早黍晚麥不歸家。

早黍晚麥，不收莫怪。

早了不結，遲了不黑；立秋倒好，難得偖巧。

早晨栽下樹，晚來想乘涼。

收上豆（即槐豆）不收下豆。

收上豆不收下豆，今年槐花來年麥。

收天豆（即槐樹莢）不收地豆。

收天花（即桐花）必收地花。

收豆不收豆，單看頭年槐連豆。

收麥猶似救火。

有稻無稻，降霜放倒。

有穀不愁米。

有植地，無晚麥。

有菜三分糧，沒菜餓斷腸。

有意栽花花不發，無心栽柳柳成蔭。

有意栽花花不發，無心插柳柳成行。

有錢難買日沒秧。

地凍蘿蔔長。

地凍車轡，萊菔才長。

地動山搖，叫化子抛瓢。（言地動年多豐收）

地濕無晚麥。

地鬆好栽紅苕（即甘藷）。

圩田好種，梅雨難過。

吃辣葱，坑洞壅。

吃得麥果沒米果（言麥田種稻，收成量少）。

吃柿宜紅黃。

存三去四莫留五（指紫竹年數而言）。

冰凍轡，萊菔長。

向日花木早逢春。

死不可注豆麥。

羊馬年，好種田，謹防雞狗那二年；烏豬黑狗糟糠食，牛頭鼠尾動干戈，轉過兔年笑呵呵。

好穀不見穗，好麥不見葉。

好吃的辣蘿蔔，雪梨都不愛。

好吃的楝樹果兒，等不到五月半。

好花能有幾時紅。

好花香不久，好人壽不長。

好花等他自謝。

汚泉宜稻。

〔七畫〕

豆子入伏種，收了等於無。

豆子入了伏，打於有和無。

豆子入了伏，打着有和沒；晚了種蕎麥。

豆子芽花，壠裏蝦蟆。

豆子不用糞，衹要雞屎種。

豆子待要齊，種子在地皮。

豆苗待要齊，種子在地皮。

豆三麥六，菜子一宿。

豆要多種，田要多凍。

豆打長稭，麥打隴。

豆收一石，不如棉花一白。

豆鋤三遍，角生成串。

芝麻地裏種豇豆。

芝麻地裏臥下牛。

芝麻棵裏冒青烟。

芝麻秀到杪，拐子折斷腰。

芝麻豆，緊跟絡。

芝麻菉豆，容下籬頭。

旱豇豆，澇小豆。

旱菉豆，澇小豆。

旱棗子，澇麻子，不旱不澇收柿子。

旱穀晚麥，十年九壞。

杏熟當年麥，棗熟當年禾。

杏熟來年麥，棗熟當年禾。

杏花滿樹浸穀種。

杏多實不蟲，來年秋禾善。

牡丹花開富貴春。

牡丹花大空入目，麥花雖微結實成。

牡丹雖好，還須綠葉扶助。

牡丹收子種，喜嫩不喜老。

牡丹洗脚，芍藥梳頭。

芍藥打頭，牡丹修脚。
你有垣牆，我有大秧。
低田高一寸，插秧不要糞。
沙裏青楊，泥裏柳。
沙地不離豆，鹵地不離稷。
村無大樹，蓬蒿爲林。
村村有大樹，畈畈有荒田。
冷收麥，熱收秋。
快割快割，割麥插禾。
辰晌種麥，篸晌割。
改楂不如上糞。
初暑找黍。
見苗三分收。
弄花一年，看花十日。

〔八畫〕

枇杷黄，果子荒。
枇杷黄，醫者忙；橘子黄，醫者藏；蘿蔔上場，醫者還鄉。
枇杷開花吃柿子，柿子開花吃枇杷。
枇杷治熱病，一治一個定。
花見花，四十八。
花不花，祇看三月八。
花無百日紅。
花鋤七遍，疙瘩連串。
花鋤七遍不離手，穀鋤八遍多喂狗。
花鋤七八遍，疙瘩結得像蒜瓣。
花無開，子無結。

花麻不論遍越鋤越好看。
花下韭，連下藕。
肥田不敵疲水。
肥田之稈去而多，瘦田之穀精且實。
肥水不過別人田。
肥料不下，稻子不大。
爭秋奪麥。
爭秋奪麥亂紅花。
爭秋奪麥亂棉花（指收穫言）
東家種竹西家筍。
東菜西水，南柴北米。
官大有險，樹大招風。
宜晴宜雨，稻成白米。
松樹乾死不下圩，柳樹淹死不上山。

長嘴的要吃，生根的要肥。
知了叫，割早稻；知了斷，吃早雞。
金瓜要摘枝，葫蘆要摘頭。
牀上蓋仔被（言夏季不熱），田裏沒有米。
拔草連根拔，萌芽永不發。
拔去蘿蔔地皮寬。
河裏青楊泥裏柳。
念八日早稻救荒年。

〔九畫〕

柳條發青，餓死漁公。
柳條從小鬱，長大鬱不屈。
柳枝不爲雪折。
柳樹當年不算活。

柳芽發青，餓不死瞎鷹。
苗從地發，樹向枝生。
苗田施大糞，苦膜幔一層。
茄子越大越嫩。
茄子折下爛了籽，明年大水沒田圩。
若要麥，見三白（三白卽下雪三次）。
若要麥，見三白，若要米，風吹背。
要宜麥，見三白。
要宜麥，冬寒見三白。
要想韮菜好，祇要灰來壅。
要想韮菜盛，專施灰和糞。
要想韮子盛，祇要灰來壅。
要收花，旱五八。
要得晚稻好，爛了早稻草。

要食豆，種在清明前後。
要要暖，椿芽大似碗。
柿子不顧歉年。
柿子開花吃枇杷，枇杷開花吃柿子。
風涼茄子自在瓜。
風流火麥。
風揚花（指花粉），壓折叉；雨揚花，空坍坍。
（此乃言麥）
風揚花，搵折叉；雨揚花，秕瞎瞎。（言麥）
前不栽桑後不栽柳。
前人種樹，後人乘涼。
柑子看不得燈，蘿蔔打不得春。
苦瓜連根苦，甜瓜徹蒂甜。
持杖種桃，坐車栽棗。

胎稀穀子滿苗花，清明麥子埋老鴉。

封河的芝麻，開河的油。

香椿樹中王。

硵子響，蘿蔔長。

〔十畫〕

桃三李四梅十二。（指開花結果而言）

桃三李四梅九年。

桃三李四梨五年，棗樹當年就換錢。

桃三李四梨五年棗樹栽上當年錢。

桃三李四梨五年，栽上棗樹就賣錢。

桃三杏四柑八年。

桃三杏四梨五年，胡桃結果十八年。

桃三杏四梨五年，無兒不種白菓園。

桃三杏四梨五年，棗樹栽下就見錢。

桃花開，杏花敗，李子開花賣薹菜。

桃花開，杏花敗，李子開花種薹菜。

桃花開，杏花敗，李子古朵追上來。

桃花三月開，菊花九月開，各自等時來。

桃花米頭開，細雞細鴨要生蛋。

桃花落在爛泥裏，打麥打在蓬塵裏；桃花落在蓬塵裏，打麥打在爛泥裏。

桃花吹過港，出火蠶（卽三眠）無處訪。

桃養人，李養人，李子樹下抬死人。

桃養人，李傷人，李子底下抬死人。

桃養人，杏傷人，李子底下抬死人。

桃李不言，下自成蹊。

桃梅杏實多，來年秋禾善。

桃荒棗熟。

桃荒李熟。

桃飽杏傷人。

桃夢話。（言桃價不定）

桑樹開芽，農家上柴。

桑樹條子乘小鬱。

桑樹條子從小鬱。

桑條小時扭。

桑條從小鬱，長大鬱不屈。

桑木扁擔，寧折不彎。

桑葉絮，必要貴。

桑葉逢晚霜，枯凋害蠶郎。

桑果打成團，蠶兒正入眠；桑果發了黑，蠶兒已上簇。

栽秧割麥兩頭忙。

栽秧栽到董雞叫，打穀打到戴氈帽。

栽秧皇帝，除草化子。

栽桑點桐，到老不窮。

栽桑點桐，子孫不窮。

栽桑植桐，子孫不窮。

栽桑植松，子孫不窮。

栽樹過歉年。

栽樹莫教樹知道。

栽樹三年落一棒，養人三年告一狀。

栽百楊，在立冬，身臥地，埋土中，明年凍開掘出來，長的必定格外兇。

栽竹無時，雨過便移。

栽葫蘆靠牆，生女兒像娘。

栽葱不出九，出九長獨頭。
秧針三寸長，放水擱老芽。
秧針寸長要放水，晴天南風夜露芽。
秧田針水，莊稼早起。
秧田能除三次草，做出米來格外好。
秧好稻好，娘好囡好。
秧一搭，到老不發。
高粱開花地裂紋，家裏坐下高粱囤。
高粱開花遇天旱，坐在家裏好吃飯。
高粱地裏臥下牛。
高粱稗，十年九在。
高粱怕油汗，穀怕秋後旱。
高田祇怕壬梅雨，低田祇怕迭三時。
高田祇怕腰箍爆，低田只怕迭時雷。

秫秫扛住槍，不怕揚子江。
秫秫不發芽，猛使砘子砸。
秫秫九裏種，伏裏收。
桐花好了收秫秫。
桐子落地，三年還種。
栢花十字裂；菱角二頭尖。
家家忙忙蠶已老，田裏忙忙麥叉黃。
家土換野土，一畝田，三石五。
家花不及野花香，野花不及家花長。
家花不及野花香，家花香，長長有野花香，不久長。
荒地種芝麻，一年不出草。
荒年去了熟年來。
荒年不要忘記大麥。

荒蒼蠅，熟蚊蟲。

海熟田荒。

海棠花色麗，不愧花中仙。

茭花秀，夜眠寒；蘆花秀，早夜寒。

茭草處暑不出頭，只中鍘了喂老牛。

根深蒂固。

根深不怕風搖動，樹正何愁日影斜。

根子秫秫，園根子花，望鄉臺上留芝麻。

倉裏無米䅌子貴，老來無兒女花香。

浸種日子多，覆飷日亦多；浸種日子少，覆飷日亦少。

黍悠悠，二石九；急吼吼，三擔少一斗。

草不除根，逢春復生。

草不除根，終當復生。

莊稼老，定不出柴米價。

柴貴荒年到，米貴熟年來。

莜子不怕連夜雨，麥子不怕火燒天。

蚊子見了血，苗子見了鐵。（言蚊吃血時可以割麥矣）

蚊子見了血，苗子見了錢。

蚊子見了血，麥子見了鐵。

耕田望落雨，做客望天晴。

烏鴉叫，稻上場。

缺隴穀子滿隴麥。

鬼麥出了頭，拔去喂老牛。

豇豆綠豆下火坑。

捕拉（即摘心）秋（立秋），一顆棉花拾一斤。

神仙難斷葉價。

〔十一畫〕

麥秀寒，凍死兩個斫草漢。（或作囡）

麥秀連天風。

麥秀西南風，就怕要送終。

麥秀風來，包還要根頭潮。

麥秀風搖，稻秀雨澆。

麥秀涼風，麥收寒天。

麥子去了頭，秫秫埋住牛。

麥子去了頭，高粱沒了牛。

麥子剟了頭，秫秫埋住牛；穀子齊了穗，豆子三棚樓。

麥子不換苗，乞人丟了瓢。

麥子不怕火燒天，莜子不怕連夜雨。

麥子不怕草，就怕卡啦（即土塊）咬。

麥子瘦田宜早種。

麥子瘦田隔年種。

麥子倒了一包糠，收子倒了壓壞倉。

麥子倒了一把糠，收子倒了壓滿倉。

麥子好糧食，丈人好親戚。

麥子黃梢兒，滿地狠羔兒。

麥子上場，核桃半瓤。

麥子上場，胡桃半仁；黍子上場，胡桃滿瓤。

麥子還青上滿倉，穀子還青一把糠。

麥子怕的三月寒，棉怕八月連陰天。

麥子怕重犁。

麥怕老了雨。

麥怕老來風。

麥怕清明連夜雨，稻怕寒露一朝霜。

麥怕四月四，三四（指初四、十四、廿四）晴，好收成。

麥怕四月旱，黍子怕把兩耳灌；黍子若把兩耳灌，農家少吃黍子飯。

麥類怕的秀穗雨，豌豆怕的起來雨。

麥出犂響穀出鋤耩。

麥出黃泉穀露糠，豆子種在地皮上。

麥出七日直，花出七日屈。

麥收三月雨。

麥收三月雨，但怕四月風。

麥收八十三場雨。

麥收八十三場雨，穀子要種三月中。

麥收十年旱，穀收十年晚。

麥收胎裏湯。

麥收當下楡。

麥收撒雨。

麥收短稈，穀打長秧。

麥是穀的影子。（即麥好穀亦好之意）

麥是穀的影子，雪是麥的被子。

麥是火裏生金，秋是泥中結子。

麥梢黃，地藏狠。

麥梢黃，不到四月不得嘗。

麥梢黃，女瞧娘；割罷麥，娘瞧乖。

麥稈黃，餓的小孩臉皮黃。

麥吃四季水，只怕清明頭夜雨。

麥吃四季水，只怕清明一夜雨。

麥交小滿穀交秋。

麥過小滿日紅夜紅。

麥過芒種稻過秋，豆過天社使鐮鈎。

麥到芒種穀到秋，寒露才把豆子收。

麥到清明死，禾到大暑死。

麥看三月三，稻看七月七。

麥旺四月雨，不如下到三月二十幾。

麥花落裂縫，打飽麥。

麥旱老，穀旱小。

麥旱老，穀旱小，蓟莜旱的菱萎倒。

麥旱老，秫秫旱小。

麥蓋三場被（指雪），頭枕饅頭睡。（言年豐也）

麥蓋三雙被，頭枕饃饃睡。

麥澆小，穀澆老。

麥澆芽心，菜澆花。

麥澆黃芽穀澆老，大豆最怕降霜早。

麥種浮地。

麥種犁底，秋鬬破皮。

麥得四時之氣。

麥熟櫻桃熟。

麥熟一晌，蠶老一時。

麥熟麥熟，麥熟如得半年穀；農家麥未收，官府早催促，刈麥輸賦猶未足，農人終日抱莖哭。

麥鋤三回沒有溝。

麥有穿山之力，只怕浮灰當頭過。

麥有穿山之力，只怕埠灰（卽草木灰）當頭過。

麥要乾，稻要濕，一畝田裏種二樣，不怕水，不怕旱。

麥要壅，稻要空。

麥苗蓋被不受凍，來年收穫定然豐。

麥分九頭，來年收薄。

麥天不算忙，要忙還是桑葉黃。

麥秋戰場。

麥無二旺，冬旺春不旺。

麥回青，籠爛倉；穀子回青一把糠。

麥回青，莫爛倉；穀子回青一把糠。

麥黃杏子，豆黃蟹子。

麥黃種麻，麻黃種麥。

麥食兩年水，只怕清明頭夜雨。

麥踏豆，緊跟綹。

麥不離豆，豆不離麥。

麥米上串，餓死人大半。

麥㙇隙裏見穀穗。

麥老搶，稻老養。

麥捆根，穀捆梢，芝麻捆到正當腰。

參不落，地不凍，莊稼有子只管種。

參落地不凍，有種只管種；地種參不落，有種儘管種。

參正種麥，辰正割麥。

參正種，辰正割。（言麥）

乾鋤棉花，濕鋤芝麻。

乾鋤棉花，濕鋤豆。

乾鋤棉花，濕鋤瓜。

乾鋤棉花，濕鋤麻，霧露小雨鋤芝麻。

乾鋤秫秫濕鋤穀。

乾鋤秫秫濕鋤麻。

乾也長，濕也長，不乾不濕正好長（指稗而言）

乾不死大麥，餓不死和尙。

乾斷麥根，牽斷麻繩。

梅占百花先。

梅占百花魁。

梅放覺春來。

梅花風打頭，楝花風打脚。

梅酸藕爛蔗空心（指五月節氣）。

梅子生來圓又圓，正月開花受盡寒。

密倒高粱稀倒穀。

密倒秫稷稀倒穀。

密倒秫秫稀倒穀。

密倒芫蜀稀倒穀。

深栽茄子淺栽葱。

深栽結實打，棒杵也發芽。

深深的，淺淺的，實實的，散散的。

梧桐葉一落，天下盡知秋。

黄秧落地三分收。

黄秧一搭，倒老不發。

黄桑不落靑桑落。

黄花金，白花銀，麥揚紅花餓死人。

黄疸（指麥病）收，黑疸丢。

黄瓜上了架，茄子打滴溜。

黄連依舊苦，甘草自然甜。

黄沙打之小麥脚，小麥漲破殼。

黃豆開花長一半。

黃豆開花，底下養魚蝦。

黃豆開花，撈魚摸蝦。

黃豆棵兒要得密，高粱棵兒要得稀。

黃豆棵裏張箆子，芝麻棵裏冒毒烟。

黃豆肥田底，棉花拔田力。

蚱蟬叫，荔子熟。

蚱娘叫，割早稻；蚱娘嘻，割早雞。

荷包牡丹，霉期扦插。

移樹無知，莫敎樹知。

斜樹難倒，企樹捫根。

淸涼糊塗種。

淹不死的白菜，旱不死的葱。

從小旱到死，到老一包子。

斬草不除根，逢春必要發。

雪油地，滿收成；流錐長，小豆黃。

麻麥稀，沒改移。

麻地不宜平，免得雨水停。

〔十二畫〕

菜子開花，瘋狗拉拉。

菜子開花，化子充霸王。

菜子開花黃，叫化子充霸王。

菜子一宿。（指發芽而言）

菜子三分糧。

菜子頭上一撮土，種稻人家話出車。

菜根滋味長。

菜根滋味香。

菜蟲菜裏死。

菜不移栽不發，牛無夜草不肥。

菜園要去得勤，親戚要去得稀。

菜花鰻，櫻花鼈。

黍子六十日歸倉。

黍子種黃濕。

黍子出地怕雷雨。

黍子怕的兩耳灌。

黍子若把兩耳灌，農家少吃黍子飯。

稀穀稠豆坑死人。

稀穀稠麥臥牛黍。

稀穀稠麥，到老不直立。

稀穀大穗，來年好麥。

稀穀大穗，來明吃好麥。

稀穀秀大穗，稠穀長竿草。

稀穀秀大穗，來年長好麥。

稀穀秀大穗，來年吃好麥。

稀穀密稊稊，到老不直立。

稀穀滿麥，棉花行裏好請客。

稀菜滿麥，棉花行內好請客。

稀麥密穀餓死人。

稀麥稠豆欺煞人。

稀麥稠豆傾煞人。

棉種播後怕大雨，地堅種爛難出土。

棉種落地三分收。

棉花吐絮時，天氣不宜雨。

棉花鋤七遍，桃子如蒜瓣。

棉怕白露連天陰。

棗樹三年不算死。
棗樹當年不算死，柳樹當年不算活。
棗多年歲熟，梨多年歲荒。
棗塞鼻窟窿，騎着毛驢找豆種。
棗塞鼻窟窿，牽住毛驢種豆兒。
棗芽發，種棉花。
棗芽發，亂撒花。
棗開花，忙種田。
棗開花，種田忙。
棗花開，割小麥。
棗兒紅圈圈，兩手扳肩肩。
棗紅肚，磨鐮割穀。
植穀秀大穗，來年吃好麥。
植穀飽，多種天星草。

植穀子晚麥，到老不誇。
植穀子早麥，撑死老伯。
開好花，結好果。
開大樹，有柴燒。
割把麥子打把場，誰家閨女不瞧娘。
割麥前，離不了棉。
割稻不輕手，稻粒都要走。
菊花開，麥出來。
菊爲花中隱士，蓮乃花中君子。
菱花秀，夜眠寒。
菱生稻熟。（言菱多生稻多熟也）
菖蒲花，難得開。
揀茶子，好紡紗；剝桐子，好繡花。
湖廣熟，天下足。

減苗如上糞。

晴茄雨莧疏油（油菜）密芥。

晚了豆，晚不了穀。

焦麥炸豆。

黑蛋不見面，黃蛋收一半。

無雨莫種麥。

彭祖過八百，從未見過西風颼大麥。

場場見打，斛斛見量。

場上不種刺毛樹，宅上不放野人住。

揭凍栽榆，萌芽栽棗。

筍爲落殼方成竹，魚爲奔波始化龍。

閏年不種十月麥。

梨多年成荒，棗多年成熟。

（十三畫）

楝花開，抽蒜薹。

楝花開，割大麥。

楝花開，割大麥；楸花開，抽蒜胎。

楝樹花開，張眼弗張。

楊柳青，放風箏。

楊柳青，糞似金。

楊柳開花，鱸魚上鈎。

楊柳眼綻，睏得眼爛。

楊柳葉子紅，桑葉價錢大。

楊柳朝北始，一年還去一年債。

楊柳樹搭着便生。

楊柳兒生放風箏；楊柳兒死踢毽子；楊柳兒

婆娑，抽陀螺；楊柳兒彎彎，滾鐵環；楊柳搖東風，兒童轉空鐘；楊柳垂枯枝，家家打鈸兒。

楊樹不蛀碰着天。

楊花落地筍芽長。

榆錢飽，麥必好。

榆錢兒落，種穀也不錯。

榆錢兒露骨，種穀也不錯。

榆錢落，種稻作。

榆錢落地，濕乾種地。

楸花開，抽蒜薹。

楸花開，抽蒜胎；楝花開，割大麥。

楸花穀，楝花黍；桐花開，種秫秫。

楸花芝麻，楝花黍，桐花開了種秫秫。

椿花開，吃早麥；椿花落，吃白饃。

椿花落地，饅饅上算。

椿花落地吃了麥，棗花開了吃饃饃。

椿樹蓬頭淩穀種。

椿頭發盤大，鋤頭放不下。

椿頭挽捲，餓的窮人瞪眼。

椿豆紅三遍，新米南瓜飯。

椿栽古朵棗栽芽，楊樹栽的冰淩踏。

稠穀稀麥餓死。

稠穀子稀麥，坑死老伯。

稠豆稀麥愁煞人。

稠倒秫秫稀倒穀。

稠倒高粱稀倒穀。

稠倒蜀黍稀倒穀。

葱怕露水韭怕曬。

葱辣嘴，葱辣心，蓁椒專辣額前筋。

韮菜葱，七老八嫩。

韮菜葱，八老九嫩。

韮菜喫頭尾。

韮菜黄瓜兩頭香。

葡萄斗地打石糧。

當地生薑不辣。

當年桃，隔年棗。

傷心割菜子，灑淚收芝麻。

暗蟄竹頭有好筍。

歇田當一熟。

歲寒三友松竹梅。

搨花要搨衣，搨麥要搨皮。

農家不種菜，白飯莫要怪。

農家有山地，栽樹最有利。屋旁有隙地，栽樹即生計。樹木長大了，夏天乘涼避暑氣，講到衛生也適宜。冬天樹木多，砍伐當柴火。我勸大家快栽樹，栽樹好處無其數。春天萬象開，就好把樹栽，樹木可掘野小樹，抑或購自林場來。栽樹先要掘一坑，根如長兮坑要深，樹苗放在土坑裏，姿勢排得似生成；泥土須蓋緊，不要露了根。栽樹時候天氣乾，早晚澆水須耐煩。我們年年栽了樹，務必當心去保護。不去動搖樹根部，發芽滋長靠得住。

〔十四畫〕

種麥不得九月節，但怕來年三月雪。

種麥種到小雪，收成不彀炒炒糈。

種田不識法，看正月三個八，三八無雨莫栽

秧。
種田有穀，養豬有肉。
種田沒牛，實如磕頭；種田沒車，實似當烏雞。
（言危險或恐無收之意）
種田寒，耘田顫。
種瓜得瓜，種豆得豆。
種菉豆，地宜瘦。
種棉無他巧，只要勤除草。
種棉無他巧，勤鋤泥土淨除草。
種麻得麻，種豆得豆。
種地有三壯（人壯、地壯、牲畜壯）。
種地不上糞，到老不中用。
種在田裏，出在天裏。
種在人，收在天。
種得千株松，萬株桐，到老不會窮。

種得一畝桑，可免一家荒；養得一季蠶，可抵半年糧。
種樹莫叫樹知道。
種樹十年，強似種田。
種樹無定時，要使樹不知。
種桐根下放石子，不致桐公（即開花結子之桐樹）無結子。
種不種在人，收不收在天。
種了稻，有雨來，養了小兒有奶來。
種乾不種濕。
種李不生桃，種瓜不生豆。
種子放不好，不久都是草。
種子放不好，種種都是草。
種子不好好揀選，出產一點點。

種子不選好，出產一定少。

種子選太早，來年飼雀鳥。

槐知來年麥，杏知當年田。

槐知來年麥，杏知當年秋。

槐樹開花一片白。

槐樹開一次花，糯漲一次價。

槐樹藏禽，市上有人。

槐樹不開花，晚田不歸家。

槐花豆兒打滴流，今年不收明年收。

槐連豆，打滴溜，低下不收頂上收。

槐應當年秋。

蒔秧看前行。

蒔秧蒔大棵，攮稻笑呵呵，牽礱打老婆。

蒼（蒼蠅）荒蚊熟。（言蠅多主年荒，蚊多主年熟也。）

蒼蠅不吃貴米飯。

蜻蜓高，穀子焦；蜻蜓低，一壩泥。

高粱味厚，不及藜藿味長。

滿苗高粱半苗穀。

漚地種入泥，放水後播之。

對日不割韮，趁露不採葵。

瘦地瘦嶺不要丟，種個瓜兒也有收。

福州美人蕉，經冬花不凋。

蒜見蒜，爛一半；梨見梨，爛成泥。

飽水稻足。（指八月而言）

輕打黍，重打穀。

〔十五畫〕

稻田懇極熱，熱極黑痂生。

稻怕成筒（卽長成時）乾。

稻怕八月八，八三八（指初八、十八、廿八）晴，好收成。

稻怕秋乾，人怕老苦。

稻患麴穗病，灰燐最要緊。

稻秀雨澆，麥秀風搖。

稻秀暖，麥秀寒。

稻秀連天雨。

稻秀雨來淋，還要太陽出。

稻老要養，麥老要搶。

稻老不可留，留來留去掉了頭；女大不可留，留來留去反成讎。

稻花要雨，麥花要風。

稻要空，麥要壅。

稻芽初露嘴，趕快要拌水。

稻子就要安窩糞。

稻害冷，石膏診。

稻早小，麥早老。

稻上場，麥上倉，黃豆挑在肩臂上。

稻黃一月，麥黃一夜。

稻打長稭麥打頭。

稻霧去，麥霧來。

稻桶一響，鹹魚白鯗。

穀子種泥窩，黍子種黃濕。

穀子落泥百廿日，新米飯好吃。

穀子落泥，夫妻別離；燥穀上樓，夫妻共頭。

穀子高粱一百天。

穀子上場，胡桃滿瓤；穀子上囤，胡桃挨棍。

穀三千，麥六十。

穀三千，麥六十，好收豌豆八個子。

穀要自長。

穀要稀，麥要稠，芝麻地裏臥下牛。

穀要稀，麥要稠，高粱地裏臥下牛。

穀鋤一寸，抵住上糞。

穀鋤一寸，強似上糞。

穀鋤七遍碾九米。

穀鋤八遍自來米。

穀怕秋後旱，高粱怕油汗。

穀怕午時風，人怕老來窮。

穀怕黃眼豆怕甲，芝麻怕的正開花。

穀鑽圈，麥露齒。

穀鑽圈，麥露赤，痛收豌豆八個子。

穀後穀，坐着哭。

穀早小，麥早老。

穀宜稀，麥宜稠，高粱地，臥下牛。

穀黃麥黃，閨女下床。

穀麥不求天。

穀閃千，麥露實，好收豌豆八桶子。

穀翻尖，麥露子。

穀上垜，麥上倉，豆子扛到肩膀上。

穀收十年晚，麥收十年早。

穀賤傷農。

豌豆不出九。

豌豆不擇地，瘦坡結好子。

豌豆不要糞，只要灰來拼。

豌豆怕的起來雨。
豌豆怕水蠶豆怕鬼。
豌豆角，皮薄板，老鴰兒子睜開眼。
豌豆立了夏，一日一個岔；不見西南風，決定好收成，若見西南風，決定一場空。
橫排芋頭直排葱。
橫排芋頭豎栽葱。
槿花小人心，朝榮暮不存。
槿樹開花人歇力，烏賊樹開花牛歇力。
蝦荒蟹熟。
蝦荒蟹亂。
蝦蟆叫，插秧。
蝦蟆咖咖叫，禾種家家要。
蝦蟆打哇哇，再三十日疙瘩麵食。

蝦蟆打哇哇，四十五天吃骨抓。
蝦蟆打哇哇，四十五天吃疙瘩。
蝦蟆打哇哇，四十五天吃饃饃。
蝦蟆打哇哇，四十五天收麥啦。
蝗蟲打，結蟲梳，心蟲奈若何。
鋤怕三漲，牛怕二車。
鋤頭有水，鈀頭有火。
窮年蒺藜富年蒿。
窮榆楊，富柳樹。
璁筍一尺，尋筍跌脚；璁筍一人，尋筍尋魂。
樓鈴響，紅薯蘿蔔一齊漲。
賤了桑子貴了繭，貴了桑子賤了繭。
稼欲熟，收欲速。
墳塋塘裏種芝麻。

蓬開先日草，戴了春不老。

（十六畫）

蕎麥開花熱死牛。

蕎麥蕎麥，一年能種三熟。

蕎麥蘿蔔，種後只怕大雨迫。

蕎麥豆死在寒露。

蕎麥黑，有餅吃。

蕎麥是個女兒，要的是點雨兒。

蕎麥田內養泥鰍。

蕎麥田溝裏養泥鰍。

蕎麥三個丁，秤秤沒一斤。（指布種而言）

樹大根深。

樹大招風。

樹大分枝。

樹大生椏枝，人大生異志。

樹大有枯枝，族大有乞兒。

樹大自直，人大心開。

樹老見根，人老見筋。

樹老根還在，人死兩丟開。

樹老半心空，人老事事通。

樹高千丈，落葉歸根。

樹幹生得牢，不怕風來搖。

樹頭抱定了，隨地樹杪用力搖。

樹身不動，樹枝不搖。

樹要靜而風不寧。

樹靠根，人靠心。

樹葉落在樹底下，根葉還有相見時。

樹上弗趕鳥，地上弗鋤草；樹上無蟲弗趕鳥，地上無草先鋤草。

樹戴孝（卽雪），打的糧食無人要。

樹挪死，人挪活。

樹多癱，必多空。

樹直死，人直窮。

樸樹脚，不用壅；松樹脚，不用種。

頭枲見秧，二枲見糠，三枲見霜。

頭苧生子，雨沒二苧；二苧生子，雨沒三苧。

頭苧生子，沒煞二苧；二苧生子，旱煞三苧。

頭有二毛好種桃，立不踰膝好種橘。

頭遍好，三遍跑。

頭燈芝麻二燈黍，十四十五收秫秫。

頭燈芝麻末燈黍，十四十五收秫秫。

頭辣臀臊，喫蘿蔔喫腰。

橄欖核，兩頭尖。

橄欖核，難含又難吞。

餓不死的僧，旱不死的葱。

餓不死的僧，凍不死的葱。

餓死子孫，留下籽種。

餓死爹娘，留下種糧。

餓死稻田弄，凍死三九月。

燕子來，好種田；大雁來，好過年。

燕子來，齊下秧；燕子去，稻花香。

螃蟹怕見漆，豆花怕見日。

蝍蟟蟬叫稻生芒。

摵棗落栗。

靛栽莢，茄栽花。

諸曁湖田熟，天下抵餐粥。

〔十七畫〕

糞大蘿蔔粗。

糞在衣爲垢，在田爲肥。

糞倒三遍，不打自爛。

糞折八遍，不拍就亂。

薑桂之性，愈老愈辣。

薑還是老的辣。

薄田種黍子。

薄地長不出壯麥子。

濕打稷子乾打穀，露啦毛雨打秫秫。

壓的場，上的糧。

櫄榆栲漆，相似如一。

牆邊地角好栽桑，積來兒女縫衣裳。

牆邊地角好栽桑，養蠶繅絲縫衣裳。

嶺（大庾嶺）上梅開，南先北後。

薥芫不發芽，猛使砘子砸。

鮮薑屬老的辣。

〔十八畫〕

糧食拭不拭，單看月亮初七八。

糧食價，望月八。

歸歸籠（鳥名），殼裏叫有葉（桑葉）沒人要。

雜秧不雜稻。

薺菜先生歲欲甘；葶藶先生歲欲苦；蓮藕先生歲欲雨；蒺藜先生歲欲旱；蓬蒿先生歲欲水；萍

藻先生歲欲惡；艾先生歲欲病。（以孟月測之）

〔十九畫〕

藤蘿繞樹生，樹倒藤蘿死。

藕花開在夏至前，不到幾天雨漣漣。

〔二十畫〕

蘋果栗子爲上果，黑棗李子不値錢。

蘋果性喜寒，栽植不宜南；蘋果不喜暖，北方出佳果。

蘇（蘇州）不斷菜；杭（杭州）不斷筍。

蘇湖熟，天下足。

蘆穄不發芽，猛使砘子砸。

蘆秫越盤越多，黃豆越盤越少。

鍥子（即鐮刀）響，萊菔長。

〔二十一畫〕

爛冬油菜旱冬麥。

爛桃不爛味。

蘭爲王者香。

蘭爲花中之王。

櫻桐花開，洗浴落棺材；櫻桐花謝，洗浴洗到夜。

屬伏莫種豆。

〔二十三畫〕

蘿蔔有三分辣氣。

蘿蔔上場，醫者還鄉。

蘿蔔眞好吃，屁打嘴裏出。

〔二十四畫〕

蠶豆花開一片白。

蠶豆花開面面花，騙騙小老家；蠶豆花開一面花，欣煞老人家。

蠶豆面面花，騙騙小老家；蠶豆一面花，喜壞老人家。

蠶豆不用糞，祇要八月種。

蠶豆不用糞，祇要白露種。

〔二十七畫〕

鑽天的高粱，不及波地的穀。

第四編　飼養之部

〔一畫〕

一個車缺養不活魚。

一隻鴨子，攪水不混。

一日三飽，強似上料。（指飼馬而言）

一百日的雞，正好嬉。

一羊前行，衆羊後繼。

一啼小，一啼大，神鬼見牠都害怕。

一犬吠形，百犬吠聲。

〔三畫〕

三個月的雞，吱吱吱；三個月的鵝，肩上馱；三個月的鴨，動刀殺。

三年爛飯，買一條牛。

三虎出一豹，九狗出一獒。

小小的貍貓能逼鼠，小小的丈夫能做主。

小馬乍行嫌路窄，大鵬展翅恨天低。

千里馬，還得千里人騎。

千里騾馬一處牛（言不服水土）。

千魚萬肉，不若飯一熟。

子午卯酉一條線，寅申巳亥一大片，辰戌丑未棗形圓（指貓眼而言）。

〔四畫〕

牛食爲澆，羊食爲燒。

牛圈要通風。

牛臥落蘇狗臥豆。

牛換牛，當面偸。

牛渴自然下汪，工多莊稼包好。

牛瘦骨弗瘦。

牛瘦角弗變。

牛要滿飽，馬要夜草。

牛要耕田馬要騎，孩子不管要頑皮。

牛喫稻草鴨喫穀，各自修來福。

牛不吃水，按不住頭。

牛頭說話，礱糠作壩。

牛耕田，馬吃穀，人家養兒他享福。

牛老一月，人老一年。

水牛追不上兔子。

水寬魚大。

水淸無大魚。

水淺養不活魚。

水打渾了好拿魚。

不養豬雞鴨，肥料無處發。

不怕神與鬼，只怕牛瘟勻。

公雞叫，母雞啼，主人不發到那年。

公雞喉，太陽曬破頭；母雞喉，雨點打破頭。

公雞發愁曬破頭，母雞發愁淹死牛。

五爪豬，養衰家。

犬來富，貓來開當舖。

日飼貓，夜飼狗。

痛。

〔五畫〕

四旋拄拐，有錢無處買。

四角不飽，前擁後掃；中梁堂堂，壓的脊梁背

白鴿一年有十窩，得到九窩算係好彩多。

母雞背雞雞，後天定有雨。

〔六畫〕

羊無空肚。

羊無礙口之草。

羊有跪乳之恩。

羊跪乳，烏反哺。

羊羣裏丟了，羊羣裏去找。

羊眼弗瞎，狗脚弗折。

羊毛出在羊身上。

老犬能記千年屎。

老牛難過冬，怕受西北風。

老馬不死，舊性猶存。

老貓老狗思舊家。

有該種，出該蛹。

有牛莫嫌疲，無牛先着急。

有料無料，一天三哨。

有料沒料，四角都攪到。（飼畜之法）

有錢買個牛，無錢買犂頭。

好蠶勿吃小滿葉。

好馬不吃回頭草。

好貓管三家，好狗管三村。

好猫會管七村。

好猫會管七家。

好狗不攔路，壞狗不攔頭。

好蜂不採落地花。

共田就荒，共馬就瘦。

死豬不怕滾水燙。

百日鴨，正好殺；百日鵝，殺之正弗錯。

早趕晚趕，四十五日做繭。

〔七畫〕

作羊棧，忌未方。

作雞棲，忌酉方。

作牛欄，忌丑方。

初生牛兒不怕虎，長出犄角倒怕狼。

初生毛犢不怕虎。

你不懶，我又懶，兩個蠶兒做一繭。

沒水不養魚。

〔八畫〕

狗食水，要落雨。

狗食賊糧，貓食鼠糧。

狗吃水，天要落；貓吃水，天會晴。

狗急爬牆，人急懸樑。

狗急爬牆，賊急造反。

狗爬地，要落雨；狗咬青草天會晴。

狗早吃青草，晒青草；晚吃青草，爛青草。

狗咬呆，蝎勾災。

狗咬破人衣。

狗咬一口，白米三斗。

狗咬一口爛見骨頭。

狗仗人勢，雪仗風勢。

狗眼看人低。

狗落腰，家家憔；狗落肚，家家富；狗落頭，家家愁。

狗打急了咬一口。

狗打嚏，主晴。

狗子忽打噴嚏，天將下雨。

狗反肚，天落雨。

狗肚翻腸，天要反常。

狗洗臉，貓吃草，不到三天雨來了。

狗用爪搔地不久大雨至。

狗來富，貓來開當舖。

長眕頭，短眕腰，高中低，低中高，蒿中草，草中蒿。（獵兔法）

長嘴的豬頭，短短項。

長七圓八，四方六。（視驢馬齒狀而定其年齡）

乳牛乳牛，二年五個頭。

兩耳不過嘴，越養越見鬼。

使騾似牛，使牛似猴。

河裏魚打花，天上有雨下。

〔九畫〕

前高後窪（指牛前蹄言），單犂獨耙。

前蹅着下斗，後蹅着下手。（選牛法）

前連倒，後連跑。

前看額索，後看開蹬。（相看驢馬法）

若要富，雞着褲。（雞脚上生毛之意）

咬人狗，不露齒。

耐可甩，患三稟稻，弗可丢患鯽魚腦，

扁嘴的要吃，深根的要肥。

〔十畫〕

馬無眠，牛無睡。

馬無糧草不能行。

馬無再配，人無重婚。

馬有三分龍性。

馬上不知馬下苦。

馬騎上等馬，牛用中等牛，人使下等人。

馬騎前，驢騎後，騾子騎在正當間。

馬行步慢多因瘦，人不風流只爲貧。

家雞上宿遲，後天定有雨。

家雞宿遲主陰雨。

家雞打得團團轉，野鴨打得插翅飛。

家中養得千頭牛，抵做萬戶侯。

家裏果然興，肥豬壯狗叫公雞。

家有一頃田，不與驢馬纏。

家家好過。（烏鳴聲。蠶時有鳥來作如是鳴，主蠶收豐盛。）

耕山田，養黃牛；耕圩田，養水牛。

耕牛無宿草，倉鼠有餘糧。

能貓不叫，叫貓不能。

站如絢豬，行如醉漢。（言善馬）

草膘料肥水精神。

〔十一畫〕

魚在伏內大人在伏內壞。
魚在伏裏命人在伏裏病。
魚跳上岸，魚必隨之。
黃毛鴨子唧唧悽四十五日就好剮。
黃毛鴨，聲唵唵，四十五日動刀殺。
黃牛雖瘦三籮骨。
黃犬食肉，白犬當罪。
黃狗偷食，烏狗擔當。
得勢狸貓雄似虎，失時鳳凰不如雞。
淘混了水好捉魚。
貧不離豬，富不離書。
牽牛喝水，先打濕脚。
脖項短，不是蹶腿就瞎眼。
莊稼沒牛使犢兒。

〔十二畫〕

喂豬不如喂羊，喂羊不如養塘。
喂母豬，栽桐樹，十年成個小財主。
喂雞不下蛋，青菜盌瓷罐。
雄雞一鳴天下白。
雄雞鬥，曬開頭；雌雞鬥，雨愁愁。
買牛對臍尖，妨的主人哭皇天。
買牛要買爬地虎，買田要買夾沙土。
寒貓不捉夜鼠，
朝喂猫，夜餧狗。
晚上吃的稀溜溜，又撒尿來又看牛。

犂鞭一丈二，打到牛眼杪。

（十三畫）

蜂集朽樹，雨下如注；猫兒勤洗，寒風若蘙。

會捉老鼠猫不叫。

新敲豬不喂糠，喂糠黏腸不生長。

（十四畫）

雌雞啼，晚必雨。

雌雞報曉，勿良之道。

雌雞咆哮，不吉之兆。

寧叫蠶老葉不盡，莫叫葉盡老了蠶。

寧望鄰家買條牛，不望鄰家做王侯。

腿短身子大，還要小尾巴。（指豬）

銅驢紙馬。

（十五畫）

養了三年蝕本豬，田裏肥了不得知。

養得一季蠶，可抵半年糧。

養蠶種地當年發。

養羊種薑子利相當。

養雞不養鴨，栽樹不栽花。

養豬會養豬，百日百斤豬。

（十六畫）

貓跟飯盌，狗跟主人。

貓兒吃菜，主人放債。

貓兒吃青草，雖旱不必禱；犬兒吃青草，戽水快趁早。

貓三狗二，豬四羊五。

貓三狗四，豬五，羊六，牛十二，馬廿四。（此指孕育之期）

貓戀食，狗戀家，小孩子戀媽媽。

貓怕過冬，狗怕過夏，飢餓鬼怕過年夜。

樹貓叫三聲，不下雨，便颳風。

鴨生蛋種田，鵝生蛋過年。

鵓鴿一年十二窩，熱死一窩。

頭炕鴨子，末造雞。

鮎荒鯉熟。

騾馬寸草牛吃割鬧（即碎屑），豬吃糟糠。

駱駝吃寸草，馬兒吃割鬧，豬兒吃糟糠。

龍眼識珠；鳳眼識寶；水牛眼，識稻草。

豬無欄柵狗無圈。

豬牛無涼症，病來冷水淋。

豬睏長肉，人睏賣屋。

豬快肉遲，豬遲肉快。

豬不吃昧心食。

豬來貧，狗來富，貓來開當舖。

豬來家窮，狗來家富，貓來孝家。

豬四狗三貓對擔。

豬五羊六牛十月。

豬八個月歸屠。

〔十七畫〕

鴿子一年十二窩，熱死一窩，凍死一窩。

壓馬吊搭牛。

駿馬常服痴漢走，巧婦常伴拙夫眠。

（十八畫）

雞在高處鳴，雨止天要晴。

雞在晚覓食，不久雨就來。

雞遲上架，下雨必大。

雞遲上棲，大雨滿溪。

雞不宿，要下雨。

雞叫一聲天下亂。

雞叫早，肚子飽；雞叫中，肚子空。

雞鳴三遍天大亮。

雞鳴夜半，鶴鳴將旦。

雞寒上樹，鴨寒下水。

雞冷拳距，鴨寒下嘴。

雞冷上架，鴨冷下河。

雞知夜半，鶴知將旦。

雞飛狗上屋，家裏必有禍。

雞子不叫正晌午。

雞越鬥越熟，人越鬥越生。

雞兒吃下探先糧。

雞肥不下蛋。

雞蛋雖密，會出小雞。

雞不尿屎，自有便處。

雞公不啼雞婆啼。

雞孵雞，二十一。

雞豚秋社，芋栗園收，李四張三，來而便留。

鯉魚跳龍門。

鯉魚河面跳，大雨將要到。

〔十九畫〕

邊牙露肉，賴五賴六。

懶牛上場尿屎多。

懶驢上磨尿屎多。

〔二十四畫〕

蠶老一時，麥老一時。

蠶老一時，麥老一晌。

蠶老一刻，麥老一日。

蠶要朝朝除沙，地要朝朝掃灑。

蠶吐絲，蜂釀蜜。

蠶能買肉吃，田裏扡身做冬衣。

蠶等葉葉價貴；葉等蠶，葉價賤。

〔二十六畫〕

驢子是個怪，騎着比牽着快。

驢子能耕田，黃牛不值錢。

驢兒不喝水，不能強按頭。

驢兒是個鬼，天陰不喝水。

驢年馬月豬白天。

驢鳴夜半，九盡花開。

第五編　箴言之部

〔一畫〕

一年作田，兩年指望。

一年爛飯，買一畝田。

一年長工，二年太公。

一年連三大，神鬼都害怕、（指歉年）

一年之計在於春，一生之計在於勤。

一年之計在於春，一日之計在於寅。

一年之計，莫如種穀；十年之計，莫如樹木；百年之計，莫如樹人。

一日打柴一日燒。

一日三飽，強似上料。

一朝無糧，父子不親。

一朝無食，父子無儀；二朝無食，夫妻別離。

一粥一飯，當思來處不易；半絲半縷，恆念物力維艱。

一盌米，望天乾。

一畝之田，三蛇九鼠。

一尺青天，蓋一尺地。

一人坐食天下飢。

一物降一物，蟷螂降毒物。

一耕二鋤三糞事。

一樹之果，有酸有甜；一母之子，有愚有賢。

一字上公門，九牛拔不出。

一鯇管三鯪。

〔二畫〕

人窮無實信，天晴無雨信。

人窮志短，馬瘦毛長。

人窮志亦窮。

人窮志不窮。

人窮犬也欺。

人窮樹壽短。

人靠良心天靠晴。

人靠良心樹靠根。

人靠心好，樹靠根牢。

人多思靠，龍多思熬。

人多好種田，人少好過年。

人多沒好湯，豬多沒好糠。

人多瞎搗亂，雞多不下蛋。

人要心好，樹要根好。

人要修行，地要深耕。

人生地不懶。

人生一世，草生一春。

人大生心，樹大生根。

人大自穩，樹大自直。

人大生計策，樹大生椏杈。

人無千日好，花無百日紅。

人無全福，稻無全穀。

人無理，說橫話；牛無力，犂橫耙。

人無橫財不發，馬無夜草不肥。

人無兩度死，樹無再剝皮。

人不知己過，牛不知力大。

人不能榮華一世，樹不能常綠一年。

人怕老來苦，樹怕鑽心蟲。

人怕傷心，樹怕剝皮。

人怕出名豬怕壯。

人人有臉，樹樹有皮。

人道自弗錯，樹無直落根。

人哄地皮，地哄肚皮。

人閑無功，地閑有功。

人望高頭，水向低流。

人能澆得菜根，則百事可做。

人善有人欺，馬善有人騎。

人過留名，雁過留聲。

人爲財死，鳥爲食亡。

人家芥的菜子數得淸，自家的瓜果倒弄不明白。

人家求我三春雨，我求人家六月霜。

人挪活，樹挪死。

人心不知足，有得五穀想六穀。

人留後代草留根。

人不留人天留人。

人勤地不懶。

人老顛倒，狗老爬竈。

人在人下能長，樹在樹下不生。

人見人貧親也疏，狗見人貧死也守。

人敬富的，狗咬破的。

七石缸裏撈芝麻。

七不動，八不搖，九要動針打秷鏵。
七犂金，八犂銀，九犂黃土餓死人。
七斫墳柴八斫蘆，十二月裏斫乾枯。
七十二行，種田上行。
七十二行，莊稼人頭一行。
八十老，會種田。
八十歲公公，難定柴米價。
八歲孩童能數九，八十歲老公不識時。
八九勿離十。
九斗九升命，湊成一石要性命。
九等生意十等做。
十年高低一樣收。
十年高下一般同，一地千年百易主。
十個指頭有長短，一棵果樹有酸甜。

十個指頭，有長有短；一棵果木，有酸有甜。
又要馬兒走得好，又要馬兒不吃草。
又要好，又要馬兒不吃草，還要馬兒會快跑。

〔三畫〕

三日起早抵一工。
三百六十行，種田爲上行。
三年好收成，不怕田裏荒。
三錢一升穀，嘸不銅鈿朝伊哭。
三鐵耙，六稻稈。
三隻螳螂，抵個懶惰長工。
三拿軸，四拿頭，五拿柱子不用求。
三山六水一分田，天下凡人種不全。
三畝窮，五畝富，十畝之田不用做。

三歲孩兒會數九，八十歲公公不識時。

千田萬地，當不得一身手藝。

千搭萬搭，城裏人莫搭。

千年糞爲土，千年土爲糞。

千年田地八百主。

千年田地轉三村。

千年黃土倒百主。

千年草子萬年魚。

千朝開，不如一朝開。

千萬田地，倒不如一種手藝。

千方百計，不如種地。

千穿萬穿，種田弗穿。

千枝瓊，不怕家裏窮。

千里馬，還得千里人。

千歲老人不曾見，東南陣頭雨沒田。

大風吹倒梧桐樹，自有旁人說短長。

大魚吃小魚，小魚吃蝦子，蝦子吃爛泥。

大樹之下，必有枯枝。

大熟年成隔壁荒。

大熟年成隔壁荒，爛汚牌九賠瘟莊。

大家馬，大家騎。

大兵之後，必有凶年。

丈量不淸找官中，地價不淸找原中。

小孩要娘，種田要塘。

小孩要管，小樹要修。

寸土寸金。

寸土傷人。

山中有直樹，世上無直人。

山中也有千年樹，世上難逢百歲人。

山上有好水，平地有好花。

山田冷，下石灰。

上山看虎，不如歸家看貓。

上三白月份裏絲米出巧價。

女婿當不了兒郎，蕎麥當不了陳糧。

女做男工，家道興隆；男做女工，越做越窮。

女要敗，養雞賣；男要敗，造屋賣。

子智父親樂，狗瘦主人羞。

工錢十五，餘錢十六。

工本不足，出產一握。

士農工商農為王，誰命都在土中藏。

亡羊補牢，未為晚也。

（四畫）

天無絕人之路。

天無一日雨，人無一世窮。

天有不測風雲，人有旦夕禍福。

天有眼睛。

天生眼睛。

天時不如地利，地利不如人利。

天作有雨，人作有禍。

天老爺下大雨，保佑娃娃吃白米。

天不生無祿之人，地不長無根之草。

天不怕，地不怕，只怕頭蠶出絲車。（言田事最忙）

天旱鋤田，天潦澆園。

天養人，養四方；人養人，養得面皮黄。

不耕不種，終身落空。

不種泥田吃好米，不養花蠶着好絲。

不種千頃田，難打萬石糧。

不怕鋤得淺，但怕鋤不遠。

不怕歉年，就怕連年。

不怕貓頭兒叫，就怕貓頭兒笑。

不養兒子不生氣，不種蕎麥不汙地。

不見高山，那曉平地。

不要麥，不要稻，只要涼風睡一覺。

勿會種田看上坟。

勿怕一身債重，只怕看殭蠶收癟稻。

水有源頭木有根。

水過田肥。

水流千遭歸大海。

水路不修，有田也丢。

水不來先叠壩。

水太清則無魚；人太察，則無徒。

水牛屙壅田不壯，女人說話勿當。

水牛屎，膏田不壯，小人說話事不當。

少壯不曬背，老大必後悔。

少時不學種，到老兩手空。

少所見，多所怪，見駱駝，誤認馬腫背。

孔子孟子，當不得我們挑穀子。

火不燒，地不肥。

中耕不起勁，來年就要命。

日落沿街吃茶，夜裏點燈績麻。

井水無大魚，新林無長木。

井淘三邊吃甜水。

六旋在塘，家破人亡。

六十無孫，老樹無根。

六十年風水輪流轉。

反舌叫春放穀放金；反舌叫冬，放穀放空。

公公手裏僱人種，孫子手裏落難做長工。

公公綳（花名），開黃花，長工大老無拿把。

（言田事最忙）

心安茅屋穩，性定菜根香。

心好見太平，何因咬菜根。

分家三年，山要開田。

牛種田，馬吃穀，別人養崽，他人享福。

五十不造屋，六十不種樹，七十不製衣。

〔五畫〕

田頭日日勤，人事補天工。

田頭奔跑，一天三遍還嫌少；親家來往，一年一次已嫌多。

田地老婆不讓人。

田有千頃，不及好漢一條。

田有萬頃，不如薄技在身。

田不冬耕不收，馬無夜草不肥。

田要冬耕，兒要親生。

田怕秋旱，人怕老貧。

田稻別人好，兒女自家好。

田無升合，地無寸土。

田蠶茂盛，生意興隆。

田待秧，粟滿倉；秧待田，收艱難。

田中無好稻，由於少肥料。

只有百年莊農，沒有百年官宦。

只有懶人無懶地，及時種作及時生。

只有丫頭做太太，沒有長工做老爺。

只可蝕，不可歇。

只可賣田還債，不可挪債買田。

只問耕耘，不問收穫。

只要吃得落白米飯，不怕生活（卽工作）多。

只敎年成熟，麻雀吃來幾顆穀。

打鐵要自把箝，種田要自種地。

打狗看主面。

打蛇打在七寸裏。

打魚的不離船邊，打柴的不離山邊。

生意眼前花，鋤頭落地是莊稼。

生意不如手藝，手藝不如種地。

生意錢，三十年；血汗錢，萬萬年。

半年辛苦半年糧。

半村半郭，可讀可耕。

半截貓魚半截蛇。

出多少汗，吃多少飯。

出外十日，爲風雨計；出外百日，爲寒暑計；出外千日，爲生死計。

外邊打場，家裏餓煞老娘。

外邊打哩哩，家裏餓死老爹爹。

瓜田李下，各避嫌疑。

瓜田不納履，李下不整冠。

瓜鋤八遍瓜上走，穀鋤八遍餓死狗。

布衣暖，菜飯飽。

布衣暖，菜根香，詩書滋味長。

未觀山頭土，先觀屋下人。

未晚先投宿，雞鳴早看天。

未渴先掘井，未雨先補屋，水旱成飢荒，防災當積穀。

白米飯好吃田難種。

正有錢，莫買田；正有穀，莫起屋。

巧媳婦，煮不出無米飯。

（六畫）

早起三朝當一工。

早起三朝當一工，免得窮人落下風。

早起三日當一工。

早起三光，遲起三忙。

早起三光，遲起三慌。

早田無人耕，一耕便相爭。

早田相鬬，晚田相候。

早秋耕，晚秋耕。

早晨栽下樹，晚來要陰涼。

早養兒子早得力，早插黃秧早生根。

吃飯勿忘種田人。

吃飯不知牛辛苦，著絲不知養蠶人。

吃飯穿衣量家當。

吃飯揀大盌，上場揀小叉。

吃起飯來像個賊，做起工來像條蛇。

吃着五穀想六穀。

吃陳糧，燒陳柴，門前不集陳糞臺。

吃人家飯，死把人家看。

吃得馬齒莧菜，一年無災害。（馬齒莧菜，可治痢疾。）

吃辣葱，坑洞壅。

吃了果子忘記樹。

吃盡滋味，賣盡田地。

吃生米的，遇見喋生稻的。

好天防陰天，好年防荒年。

好人命不長，好花香不久。

好母生好子，好田出好稻。

好男不軋女淘，好雞勿軋狗淘；蘿蔔勿軋菜淘。

好男勿論爺田地，好女勿穿嫁時衣。

好兒不種爺田地，好女不穿嫁時衣。

好子勿論爺田地，好女勿論嫁粧奩。

好漢不打妻，好狗不咬雞。

好漢護三村，好狗護三鄰。

好漢出在嘴上，好馬出在腿上。

好馬不吃回頭草，好女不嫁二丈夫（或作夫君）。

好馬不配雙鞍子，烈女不嫁二夫君。

好花羞上老人頭。

有錢買種，無錢買苗。

有錢買個牛，無錢買犁頭。

有錢是好漢，有糞是好田。

有錢難買連頭地。

有錢不買路旁地。

有錢莫買河邊地，三十河東四十西。

有田不去種，專在家內哄哄哄哄哄不好，只要去學討。

有田不種倉廩虛，有書不讀子孫愚。

有田不耕倉廩虛有書不教子孫愚倉廩虛兮歲月乏，子孫愚兮禮義疎。

有田就是仙。

有了千田想萬田，做得皇帝想成仙。

有兒讀書，有田養豬。

有兒讀書有地喂豬。

有子不怕窮，有雨不怕風。

有爿田，頂爿天。

有禮無禮，但看白米。

有福無福，花楂種穀。

有屋不怕寒露風，有子不怕老來窮。

有話說出口來，有穀碾出米來。

有行大樹，何愁沒柴燒。

有糯有糯滿村姨婆；無糯無糯，同羣姊妹都拋棄。

有菜三分糧，沒菜餓斷腸。

多看田頭，少上街頭。

多衣多多寒，少衣薄薄寒。

年年防旱，夜夜防賊。

年年防閑，夜夜防賊。

年年防飢，夜夜防盜。

年晚錢，六月雪。

年過中秋月過半，人老不能轉少年。

地是刷金版，人勤地不懶。

地沒賴地，戲沒賴戲。

地多而荒。

在生買點爺娘吃，寒食清明祭啥墳。

在外種田，在家養蠶，快樂享福就在眼前。

先置地後蓋房，有了閒錢才做衣裳。

成家子，糞似寶；敗家子，財似草。

成家之子，惜糞似金；敗家之子，用金似糞。

仰面求人，不如撲面求土。

收不到好莊稼，一季子；娶不到好娘婆，一輩子。

交人交心，澆樹澆根。

各人自掃門前雪，莫管他家瓦上霜。

自寫自告，敵不過栽秧割稻。

米飯好吃田難種，米麵好吃磨難挨。

老實莊戶只種田，

池塘積水因防旱，田地深耕足養家。

江山不老。

江裏來，江裏去。

再大的簑衣，都在雨笠下。

西瓜黃香梨，多吃壞肚皮。

死馬當活馬醫。

衣不爭寸，木不爭分。

冰在風上，窮在債上。

牝雞司晨，家必敗。

羊肉包打狗，一去不回。

〔七畫〕

男採桑，女養蠶，四十五天就見錢。

男勤耕，女勤織，足衣足食。

男工湊女工，人家窮鼕空；女工湊男工，人家興蓬蓬。

男人怕鍘竿草，女人怕洗夾襖。

良田不如良佃。

良田萬頃，不如薄藝隨身。

坐吃山空。

坐吃山空，海乾。

坐了討租船，忘記還租苦。

坐賈行商，不如開荒。

我有樹千株，我有黍十畝，樹可以造屋，黍可以煮粥，一家老少同享共和福。

我不嫌你藕絲，你不嫌我秧稀。

扯冬瓜，罵葫蘆。

扯開籬笆狗來鑽。

冷在風裏，窮在債裏。

冷水要挑，熱水要燒。

沙子井兒越撈越深。

沙場下雨不壓滾。

李下不整冠。

你澆水，我培土，大家一齊來種樹；今年栽下一棵桃，他年成熟吃不了；今年栽下一棵槐，他年柴火不用買。

住了轆轤畦子乾。

肚飢難忍，田地賣盡。

快馬一鞭，快人一言。

沒有大網打不著魚。

但留方寸地，留與子孫耕。

身披一縷，當思織女之勞；日食三餐，每念農夫之苦。
秀才談書，屠戶談豬。
走遍天下路，吃不盡店家虧。
努力幹，勤工耕，鍬鋤口裏出黃金。
村中有個好嫂嫂，滿巷姑娘都學好；村中有個懶姊姊，通街姑娘都晏起。
弟兄竭力山成玉，父子同心土變金。
孝順公婆自家福，勤種田地自家穀。
孝順公婆自有福，孝順欄頭自有肉。

〔八畫〕

青年不種田，老來枉怨天。
青草鵝，一個肫；無娘囡，一個身。
青菜白米飯，全是自地咾貨。
門前大樹好遮蔭。
門前有樹好遮陰，屋後有樹好安身。
門前一株桃，淘氣淘不了。
門前一株槐，銀子到家來；門前一株栁，銀子往家走；門前一株椿，臨死先發昏。
門前不栽椿，屋後不栽槐。
門前栽柳，屋後栽桑。
門門有道，穀穀有米。
兒要親生，地要冬耕。
兒要親生，地要自耕。
兒不嫌母醜，狗不嫌主貧。
兒童無事，養羊喂雞。
近水知魚性，近山識鳥音。

近家無瘦地，遙田不富人。

依着大樹不缺柴。

牀頭有籮穀，不怕無人哭。

牀頭一倉穀，死了有人哭。

東奔西跑，不如拾糞弄草。

東家太精，工人起身；工家太懂，工人一哄。

東家莊，西家莊，田中種的麥米棉；有了麥米棉，就可賺到錢。田就是錢，錢就是田，我下田，我賺錢；下了田去就有錢，不下田去沒有錢。我希望大家都下田，我也希望大家都有錢。

擑紡棉，巧喂蠶，四十五天賣高錢。

昏懂懂，六月裏浸稻種。

拍塘一氂，車水見泥。

雨落不要碰高墩，窮人不要攀高親。

果子越吃越少，說話越講越多。

拆勿開個竹，劈勿開個木。

花對花，柳對柳，破糞箕相對爛掃帚。

玩花人，說花香；賣藥人，說藥方。

長着不買，放倒不賣。

泥半工，泥半工，家有長工用長工。

夜晚雄雞啼，祝融笑嘻嘻。

夜間插秧，弗如起個早。

兩家合船漏，兩人合馬瘦。

法律治光棍，惡狗治橫人。

抬頭求人，不如低頭求土。

典田千年有分。

典田招女婿，討氣筒子。

房屋是濫產，田地是活產。

放債不如典田，典田不如買田，買田不如塱田。

狗伸舌頭（指夏熱時）你不做，雞子蹺脚（言年冬時）亂慌忙。

九畫

要知朝中事，鄉下問老農。

要遠富，栽桐樹；要近富，拾糞土。

要發家，芝麻瓜。

要吃龍肉，親自下海。

要吃饅饅，土裏鏝鏝。

要吃餺餺，泥裏跑跑。

要要利，闖月季。

要種田，自把犂。

要問蠶花，只要看看蠶娘娘的走相。

要宜勤，要宜懶；又宜早，又宜晚。

要看家中寶，先看門前草。

若要富，雞啼三次離牀舖。

若要富，男耕田來女織布。

若要窮，兩頭紅；若要富，兩頭烏。（烏、紅，指日出日沒。）

春若不耕，秋無所望；寅若不起，日無所辦。

春不起典。

春雕朗朗叫，懶織姑娘無帳吊。

春夏不耕種，秋冬受饑凍。

城裏人一到，鄉下人喜笑。

城裏人下鄉，有人出來迎；鄉裏人到城，無人問姓名。

城裏人到鄉下一頓飯，鄉下人到城裏一頓站。

城裏孩子壞，鄉下狗子狠。

看人挑擔不缺力。

看人挑擔不費力，教你挑擔有千斤。

風催人，雨留人，下雪不走混帳人。

砍倒大樹有柴燒。

斫柴不照紋，使煞斫柴人。

斫草囡兒大起來都是當家人。

前人種樹後人涼。

前人種樹，後人乘涼。

扁擔是條龍，一生吃弗窮。

待要吃飯，土塊裏計算。

姨親娘舅，不借積小麥黃豆。

挑柴賣草，不跟人家做小。

咬人狗，不露齒。

柔人長心，辣蘿蔔長根。

〔十畫〕

家有千棵楊，不用打柴郎。

家有千棵柳，不用滿山走。

家有千棵桐，子子孫孫不受窮。

家有千棵桑，子子孫孫有衣裳；家有千棵桐，子子孫孫不受窮。

家有千條棕，子孫不受窮。

家有千口，只養一貓一狗。

家有一千樹，終久有一富。

家有一樣心，黃土變成金。

家有萬石，不煮小魚下飯。

家有萬石，不用鹽豆子就飯。

家土換野土，一畝田裏三石五。

家土換野土一畝地裏三石五。

家裏土，地裏虎。

家飯喂野狗，吃過了向外走。

家多陳稻，臘米不養扁嘴。

家中做好飯，地裏勿用看。

家中三等田，不必去求天。

高低三等田不必問神仙。

高抬猛捺，鍘草不用好漢。

高山沒有不長草的，大海沒有不生魚的。

荒田有穀，懶人有福。

荒田肥，荒地瘦。

荒年成，熟點心。

荒年餓不死苦工。

荒年餓死放債的，餓不死栽菜的。

耕田不怕屎，當兵不怕死。

耕田無師父，總愛糞來付。

耕田不離隴頭，釣魚不離灘頭。

耕種不用問，全靠工和糞。

耕當問農，織當問婦。

耕宜深，種宜淺；不分不種。

耕地不用學，兩眼愁前柁。

耘地不上糞，譬似胡打混。

耘田日正午，汗滴禾下土，誰知盤中飧，粒粒皆辛苦。

耙地瞧牛頭，犂地瞧拖頭。

起早不忙，種早不荒。

起的早了三光，起的晚了三荒。

起秧泥打鬼，栽秧雙動腿；吃飯蒲包嘴，喝酒牛飲水，要起錢來好像個追命鬼；如若沒有錢，去放你黃秧水。

秧田能拔一根草，冬至吃一飽。

秧田能鋤三次草，做出米來格外好。

秧好稻好，娘好囡好。

借錢得田添田賣。

借錢買田車水上天。

酒肉請一請，工人要拚命。

酒肉當先，青草連天。

酒席筵前分上下，工到手齊一樣行。

修橋補路冬寒做。

埋金不如積穀。

拳行鴨步。（指蒔秧法）

捉着鰻鯉秤梗大，逃脫鰻鯉臂膊粗。

柴貴荒年到，米貴熟年來。

狠行千里吃肉，豬行萬里吃糠。

泰悠悠二石九；急吼吼，三擔少一斗。

留得青山在，不怕沒柴燒。

袖大好遮風，樹大好遮蔭。

財多惹禍，樹大招風。

爹爹買田孫子賣，快活中一代。

畜兎養羊，本短利長。

納上錢糧不怕官，孝順父母不怕天。

飢猴餓狗年，馬牛廣種田。

夏不睡石，冬不睡板。

能起三千六百個五更，沒有致不富的家當。
能起三百六十個五更，沒有致不富的家當。
能在人下爲人，不在樹下爲樹。
馬上不知馬下苦。
馬有三分龍性。
凍着閒人，餓死饞人。
除草除得早，來年生活好。
桑木扁擔，寧折不彎。
租田容易繳租難。
租田容易討租難。

〔十一畫〕

莊稼要早起，買賣要計算。
莊稼要早辦，買賣要計算。
莊稼老兒生的怪，越長越不賣。
莊稼老頭生得怪，糧食越貴越不賣。
莊稼老頭收了穀，不打官司就蓋屋。
莊稼老眞難過，地了場光衣裳破。
莊稼人，完了糧，强似自在王。
莊稼人，不識貨，單揀大的摸。
莊稼無他巧，惟有勤耕兼鋤草。
莊稼活，不用學，人家怎麼也怎麼。
莊稼是看人家的好，孩子是看自己的好。
莊稼不收年年種。
莊稼不收年年好，這塊不收那塊收。
莊前屋，郭後田。
做人做到頭，殺豬殺到喉。
做商的惜紙，做農的惜糞。

做農夫的只受天管，不受人管。

偷牛的跑了，拉住拔樁的。

偷菜離田，偷瓜離園。

偷雨不偷雪，偷風不偷月。（言賊如此）

偷雞貓兒性不改，狼子至死猶想羊。

黃土地裏看苗，黑土地裏吃飯。

黃鸝叫，夥計跳。

黃河鬧汴梁，衞河鬧濬縣。

莫入州衙與縣衙，勸君勤儉作生涯，池塘積水須防旱，田地勤耕足養家，教子教孫兼教藝，栽塘栽柘少栽花，閒是閒非休要管，渴飲清泉悶煮茶。

深耕淺種，尙有大災；利己損人，豈無果報。

深犂細耙，不收怨吓。

深深犂，重重耙，不收麥子就收吓。

淹死蠻子吃大米。

淹了得一半，旱了光眼看。

貪賤買老牛，一年倒兩頭。

貪賤買老牛，打死不回頭。

掃帚響，糞堆漲。

掃帚響，糞堆漲，好打官司地畝爽。

魚一路，水一路。

魚吃新鮮米吃熟。

甜瓜兒嘴，苦瓜兒心。

粗布衣衫菜飽飯。

移植栢樹向老家。

教子不離書，種田不離豬。

惜衣有衣穿，惜飯有飯吃。

勒馬等地。

這忙不算忙，單看豆葉黃。

這山望見那山高，不知那山有柴燒。

豚爲家中寶，糞是地裏金。

推粉不賺錢，只圖猪和糞。

排水不用功，雖種也落空。

捧人家盌，服人家管。

强摘的瓜果不甜，强撮的姻緣不賢。

情願增錢糴白米，不願減價糴冬舂。

斬草不除根，逢春必要發。

雪後堆人，久後自明。

蛇怕扁，人怕短。

〔十二畫〕

犂田冬至內，一犂比一金。

犂田曬霜，賽過擔糞過崗。

犂地犂不了胯，推車離不了把。

犂在深土，耙出油土，種在濕土，鋤在浮土，製造糞土，是謂五土。

犂有勢，耙有身，中樓腿子短三分。

犂無三寸土，鍬無七寸泥。

無買能買種，有錢難買苗。

無義錢財湯潑雪，佔來田地水推沙。

無灰空種麥。

無雨莫種麥，無糞莫種田。

無柴那管金漆樹，無米那管稻種穀。

無牛捉了馬耕田。

無事莫上街，上街小破財。

買瓜要瓜甜。

買西瓜要看皮色。

買茄子，讓個老。

買馬看母子。

買不起的驢子，喂不起的馬。

買田要買夾沙土，娶妻要娶捺屁股。

揭錢不如早典地。

酥桃子落在嘴裏來。

貴買田地子孫受用。

晴天捉漏，落雨照舊。

單絲不成線，孤木不成林。

發奮捍勤勤耕，鍬鋤口裏出黃金。

換田三年窮。

換主不換仙。

喂猪紡紗，坐到賺錢。

湖、廣、四川的做客，不及在鄉間撩光削麥。

爲商的惜紙，爲農的惜糞。

疎魚密竹，收利方速。

硬和有福的種田，不和有福的賭錢。

富從升合起，貧自不算來。

筍因落殼方成竹，魚爲奔波始化龍。

雄蟹揢不得螯，雌蟹揢不得臍。

街上人一爿店，鄉下人一爿田。

〔十三畫〕

農人一千個早，瘦牛一千個飽。

農人三不哄：一不哄牲口；二不哄長工；三不哄田地。

農人獃，商人乖，地痞流氓強出來。
農夫三代不讀書，閤家好似一欄豬。
農夫不讀書，痛苦無處訴。
農夫不種田，城裏斷火烟。
農夫不使勁，餓死世間人。
農勤於朝，女勤於宵。
農家不養羊，缺少三月糧。
農家不養蠶，只好去穿棉。
農家不養狗，夜裏無人守。
農家忙，農家忙，農婦攜籃去採桑，好給蠶兒有吃糧；農夫下田去插秧，希望收穀穀滿倉；農家爲何這樣忙？都是爲的吃飯穿衣裳。
農家樂，樂無疆，田禾熟，穀滿倉。村前養魚魚滿塘，村後養雞呼雞忙。有客來，喝酒漿，肴饌擺出豬和羊。新鮮美味供客嘗，件件家中有，不必到街坊。農家樂，樂無疆。
鄉下老，收了穀，不打官司就蓋屋。
鄉下大阿哥，到街就吃苦。
鄉下人，識仔氣，縣前人要吃屁。
鄉下人，能忍氣，衙役人要吃屁。
鄉下人一到，城裏人睡覺。
鄉下人個市面，全啦啦泥裏。
鄉下人個鐵耙，城裏人個筆。
鄉下人吃飯不點燈，城裏人吃飯打二更。
鄉下沒有泥腿，城裏餓死油嘴。
鄉親遇鄉親，說話也好聽。
歇地不用上糞。
歇田當一熟。

嫁了女兒賣了田。
嫁出的女，賣出的田。
嫁雞隨雞，嫁犬隨犬。
當方有收當方熟。
當地當發，賣地賣怕。
當了棉襖來回鋤。
勤耕勤做，到底好過。
勤勤力力，得點好衣食。
勤種田地自家穀，孝養爹娘自家福。
新排毛坑三日香，過了三日臭澎澎。
衙門錢，一縷烟；種田錢，萬萬年。
衙門錢，一蓬烟生意錢，六十年；種田錢，萬萬年。
衙門錢，說當天；買賣錢，兩三傳；莊戶錢，萬萬年。

傴工不傴飯，傴下田去也是站。
過了荒年有熟年。
路旁說話，草棵有人。
落雨勿要爬高墩，窮人勿要攀高親。
爺不識耕田，子不識穀種。
與人不和，勸人養鵝；與人不睦，勸人架屋。
園裏選瓜越選越差。
賊骨頭偷風不偷月，偷雨不偷雪。
會過不會過，少養張口貨。
愛苗抱瓢。
想吃蛋，糧食換。
搾油磨麵，富了不見；行車趕脚，窮了不覺。
遇着荒年望熟年。

飯要吃得飽，生活要做得好。

〔十四畫〕

種田不着歇一年。

種田不得利，只好拜土地。

種田不怕屎，打仗不怕死。

種田不養牛，耕作只自求。

種田不離田頭，種園不離園頭。

種田不離田埂，求學不離學門。

種田弗離田頭，讀書弗離案頭。

種田弗落作，讀書弗入學。

種田弗要種隔夜秧，討親弗要討二婚娘。

種田無他巧，只要紅花草。

種田無師叔，總要糞水足。

種田無師父，總要灰糞富。

種田無定例，全靠看節氣。

種田無利息，不種沒得吃。

種田有穀，養豬有肉。

種田種人。

種田吃飯，吃飯種田。

種田財主萬萬年，衙門財主一蓬烟。

種租田，放鍥子，無飯吃。

種年田，吃年飯。

種年田，下年麥，噴了人頭白。

種莊田養牛，做生意賣油。

種在田裏，出在天裏。

種地沒巧，糞灌水泡。

種地不施糞，年年跟人混。

種作不得時，就是自討死。

種作不得法，只好拜菩薩。

種得一畝桑，可免一家荒。

種得千株松，萬株桐，到老不貧窮。

種竹養魚千貫利。

種竹養魚千倍利，不及採桑四十天。

種竹養魚千倍利，只怕竹開花，只怕魚池泛。

種子買得賤，空地一大片。

種一畝行生，抵三畝稻田。

種不住莊稼一季子，接不住老婆一輩子。

種多不如種少，種少不如種巧。

遠地不養家，近地貓嘈雜。

遠地不富。

遠來和尚唸得好經，遠來長工算不得好人。

寧添一斗，莫添一口。

寧窮一年，不窮一天。（指元旦日言）

寧可自食其力，不可坐吃山空。

蒔秧看前行。

廣種不如狹收。

滿園落蘇（卽茄子）紅東東，不知那一隻做種？

賒餅肥田，不及早攏稻。

蒸着省，熯着費，烙着吃的賣了地。

槐樹藏禽，市上有人。

嫩草怕霜霜怕日，惡人自有惡人磨。

趕狗入窮巷，窮巷狗咬人。

〔十五畫〕

鋤田如上糞。
鋤頭三寸澤。
鋤頭有水，鋤頭有火。
鋤頭上有水，叉頭上有火。
鋤頭錢，萬萬年；衙門錢，一蓬烟。
鋤頭頓得穩，種田還是本。
鋤草鋤得早，來年生活好；中耕不得勁，來年就要命。
鋤草若誤時，僱工不能遲。
鋤地不鋤草。
養兒防老，積穀防飢。
養兒防備老，栽樹要乘涼。
養子不教如養豬。
養子不讀書，不如一頭豬。
養花不如栽柳。
養花不如栽柳，栽柳不如喂雞。
養花不如栽柳，養鳥不如養雞。
養花不如種茄科。
養花不如種茄科，喂鳥不如養鵓鴿。
養豬不如養羊，養羊不如養塘。
養豬不賺錢，肥了屋後一塊田。
養豬不賺錢，只圖灰和糞。
養羊對本對，羊瘟起來燒湯來不及。
養魚不管蝦兒事。
養殺兔子不變獐。
靠天吃飯。
靠山吃山，靠水吃水。
靠山不可枉燒材。

靠山山要倒，靠海海要乾。

靠河田，不值錢。

靠着大樹有柴燒。

靠着大樹好遮蔭。

窮人不靠樹，富人不靠路。

窮人無本，工夫是錢。

窮人窮在債裏，冷天冷在風裏。

窮人氣大，小豬汚大。

窮人一條牛，性命在高頭。

窮漢難養隔冬雞。

窮來勿要攀高親，雨落勿要爬高墩。

賣脫絲經頭，買塊裙料綢。

賣田當日死，典田千年活。

賣菜的不灑水，買菜的不歡喜。

賣菜人，吃菜耳。

賣菜人吃黃菜。

賣瓜不說瓜苦。

稻草烟多，人窮氣多。

稻柴捆得牢硬柴，硬柴捆勿牢稻柴。

澆花澆根，教人教心。

澆車似打牛。

熱食暖圈，一日斤半。

寫退三家窮（指更換佃農而言）

增田不如換田種。

請壞長工一年窮，討壞老婆一世窮。

撈魚摸蝦，誤了莊稼。

蓬柴火焰高。

緊趁莊稼，消停買賣。

蝦蟆鳴，燕來睇，通道路，修溝隄。

遲三年討老婆，少看十張稱。

遲三年討老婆，多買一畝田。

〔十六畫〕

貓戀食，狗戀家，小孩子戀老娘家。

貓哭老鼠假慈悲。

積糞如積金。

積穀帛者，不憂飢寒；積道德者，不畏凶邪。

燒火剝葱，也算一工。

親戚要走得稀，菜園要去得勤。

頭辣臀臊，吃蘿蔔吃腰。

豎十六，橫十六，不多不少整一畝。

遷善當似風之速，改過當似雷之烈。

龍行熟路。

隨分耕鋤收地利，他時飽暖謝蒼天。

錯用犂鏵餓死人。

賭博錢，一陣烟；生意錢，在眼前；莊稼（或作耕田）錢，萬萬年。

賭博財主在眼前；衙門財主一蓬烟；和尚道士紙灰錢；種田財主萬萬年。

〔十七畫〕

蟋蟀鳴，懶婦驚。

牆邊屋角多種桑，積來兒女縫衣裳。

薄田換主，硬長三年。

〔十八畫〕

雞是千日蟲，再養就會窮。

雞是千日蟲，養牠不富，不養牠也不窮。

雞無三隻腿，娘有兩條心。

雙手難捉兩條鱔。

豐收兔子歉收魚。

騎馬找馬，終勝步行。

（十九畫）

懶紡棉，多喂蟲，四十五天撈現錢。

懶婦有句話，十月有個夏。

懶漢種蕎麥，懶婦種綠豆。

懶漢子種蕎麥，懶女人盼正月。

懶地怕窮漢。

懶做懶做，必定冷餓。

離城十里路，各有各鄉風。

（二十畫）

觸露不掐麥，日中不翦韭。

蘇州不斷菜，杭州不斷筍。

勸君不必去賭錢，收拾犂耙去種田；閒時收拾忙時用，莫到忙時不週全。

（二十二畫）

讀也好，耕也好，不耕不讀怎樣好？

讀爲家傳，耕爲上策。

（二十三畫）

曬乾楊柳好種田。

蘿蔔有三分辣氣（意寓人人有怒氣也）。

〔二十五畫〕

籬笆紮得緊，野狗鑽勿進。
灣田不用糞，只要大水悶。
糶米零頭喫餛飩，賣絲零頭買花線。

附錄

漢劉景先生論元日

子丑元旦甚高强，更宜麻豆滿山崗，高低種下皆安穩，五穀豐收保安康。

卯寅元旦事成通，說與農夫早用功，禾稼稻粱收穫好，財豐物阜樂秋冬。

巳辰元旦春雨多，荒草蝗蟲急奈何，夏季逐兒兼賣女，人丁缺食叫山破。

午未元旦雨更多，滿天大雨出山河，高低田禾都損壞，三冬缺食受災磨。

申酉元旦是豐年，高低便得十分全，五穀豐收麻豆好，只防六畜有災難。

戌日元旦都有災，徧地蝗蟲掃不開，高田大路水中壞，人受飢寒畜受災。

亥日元旦有旱憂，種田農夫個個愁，夏日秋初不下雨，早晚旱濕五穀收。

占元旦風色

元旦風色審年歲：東北風起大收成；東風正起蝗蟲發；南風怕是旱年成；北風起，乃主雨水；西風黑霧主刀兵。

占元旦陰晴

元旦天晴諸事好，豐登五穀人殃少；若還陰

雨田禾損，果實不結菜蔬了。大雪旱年霞氣盛，蝗蟲絲貴婦人災，四方黄氣田禾熟，赤旱白凶黑水來；走石飛砂絲稻少，調匀雨水霧迷埃。(一)

占元日值十天干

值甲米賤人多疫；值乙人病米麥貴；值丙四十餘日旱；值丁蠶少絲麻貴；值戊粟麥魚鹽貴；值己米貴多風雨；值庚禾不熟人多病；值辛禾不熟麻麥貴；值壬豆貴米麥賤；值癸禾災人多疫。

立春日所屬地支八句歌

子丑寅奈夏旱何，卯辰有赦快心多，巳午天旱宜奔去，未申不免惹干戈；酉日只怕換帝主，戌亥二日定損禾；奉勸世人差意看，看取風流八句歌。

孔明年歲歌

豐歉誰知風雨微，四時節氣要推尋：每年正月初一日，北風天晴爽氣生。但是南風無日色，這年五穀不豐登。

正月逢雷主大旱，二月聞雷半收成；若是立夏雷纔現，管教一定好收成。

立夏無雨少種田，芒種聞雷莫架蠶；夏至無雨見青天，有雨也在立秋邊。

雨水之節還要晴，春分之節不宜風，驚蟄若聞雷聲響，高處農夫一場空。

淸明無雨麥成實，立夏有雨大可歎；若是東南風一起，並五六七雨水難。

穀雨宜雨不宜風，狂風一遇定飄蓬；三月初七日雨濛濛，到處禾苗一樣同。更兼小滿茫茫下，高下農夫笑哈哈。

五月芒種無雨下，夜見西風閃電愁；五月十六日無雨下，乾枯禾苗命難逃。

小暑無雨，十八日風大暑南風徧地空。立冬前後北風起，可憐農夫枉用功。

去暑之日半陰晴，白露一定雨淋淋；秋分忽然雲捲月，家家稻穀濫成坑。

八月十五日沒雨飛，又到重陽被風吹；立冬雪雨即來應，大雪連陰掩柴扉。

立秋聞雷米糧耗，寒露無風主雪飄；霜降若逢雲遮日，人畜災星不可逃。

立冬前後要下霜，十月無霜主大荒；若到大雪無雨落，高田無望有餘糧。

冬至之日雪連綿，小寒又是雪飛天；將交大雪又是雪，管許來年五穀添；若到此時無雨了，管教來年主大乾。（二）

占四季二十八宿值日風雨陰晴歌

〔春〕虛危室壁多風雨，雨到奎星方始晴；婁胃西風雲霧起，溫和昴畢半晴陰；觜參井鬼風頻起，張翼柳星陰更臨；亢宿大風砂石起，氐房心尾雨風聲；砍求皎吉看軫角，心裏長晴夜雨傾；頭上蒙包箕斗日，微微細雨女牛臨。

〔夏〕室壁虛危天半晴，奎婁胃宿雨冥冥；天晴昴畢星辰見，參觜臨辰天下陰；井鬼柳星堂大雨，張星翼軫見晴明；還看角亢晴明好，房氐臨辰風雨傾，心尾依然傾大雨，斗箕牛女又天晴。

〔秋〕虛危室壁皎然晴，奎婁胃昴雨淋淋；井參畢觜晴還雨，鬼柳雲開客便明；箕斗女牛微有雨，氐房心尾雨沉沉；張星翼軫天無雨，角亢臨辰風雨聲。

〔冬〕虛危壁室多風雨，若遇奎星天色陰；婁胃畢昴陰更冷，觜參井鬼雨還陰；氐房心尾風兼雨，角亢張星皎潔晴；箕斗女牛陰且暖，翼軫陰凍柳星晴。

六十日甲子陰晴訣

甲子日雨丙寅止；乙丑日雨丁卯止。丙寅日雨卽日止；丁卯日雨暮夕止。戊辰日雨半夜止；己巳日雨丁卯止。庚午日雨辛未止；辛未日雨戊寅止。壬申日雨卽日止；癸酉日雨甲戌止。甲戌日雨卽日止；乙亥日雨卽夕止。丙子日雨立時止；丁丑日雨黃昏止。戊寅日雨卽日止；己卯日雨立刻止。庚辰日雨卽日止；辛巳日雨癸未止。壬午日雨卽日止；癸未日雨甲申止。甲申日雨卽日止；乙酉日雨丙戌止。丙戌日雨卽夕止；丁亥日雨卽日止。戊子日雨庚寅止；己丑日雨壬辰止。庚寅日雨卽日止；辛卯日雨癸巳止。壬辰日雨辛丑止；癸巳日雨卽夕止。甲午日雨夕不止；乙未日雨丁酉止。丙申日雨卽夕止；丁酉日雨己亥止。戊戌日雨辛丑止；己亥日雨卽日止。庚子日雨甲辰止；辛丑日雨壬寅止。壬寅日雨卽時止；癸卯日雨立刻止。甲辰日雨卽日止；乙巳日雨丙午止。丙午日雨立刻止；丁未日雨立時止。戊申日雨庚戌止；己酉日雨來日止。庚戌日雨久不止辛酉日雨癸丑止。壬子日雨來日止癸丑日雨卽時止。甲寅日雨立時止；乙卯日雨丙辰止。丙辰日雨丁巳止；丁巳日雨卽時止。戊午日雨立刻止；己未日雨卽時止。庚申日雨甲子止；辛酉日雨卽日止。壬戌日雨立時止；癸亥日雨卽日止。

禮記月令

〔正月〕孟春行夏令，則雨水不時，草木蚤落，國時有恐。

行秋令，則其民大疫，猋風暴雨總至，藜莠蓬蒿並興。

行冬令，則水潦爲敗，雪霜大摯，首種不入。

〔二月〕仲春行秋令，則其國大水，寒氣總至，寇戎來征。

行冬令，則陽氣不勝，麥乃不熟，民多相掠。

行夏令，則國乃大旱，煖氣早來，蟲螟爲害。

〔三月〕季春行冬令，則寒氣時發，草木皆肅，國有大恐。

行夏令，則民多疾疫，時雨不降，山林不收。

行秋令，則天多沉陰，淫雨蚤降，兵革並起。

〔四月〕孟夏行秋令，則苦雨數來，五穀不滋，四鄙入保。

行冬令，則草木蚤枯，後乃大水，敗其城郭。

行春令，則蝗蟲爲災，暴風來格，秀草不實。

〔五月〕仲夏行冬令，則雹凍傷穀，道路不通，暴兵來至。

行春令，則五穀晚熟，百螣時起，其國乃饑。

行秋令，則草木零落，果實早成，民殃於疫。

〔六月〕季夏行春令，則穀實鮮落，國多風欬，民乃遷徙。

行秋令，則丘隰水潦，禾稼不熟，乃多女災。

行冬令，則風寒不時，鷹隼蚤鷙，四鄙入保。

〔七月〕孟秋行冬令，則陰氣大勝，介蟲敗穀，戎兵乃來。

行春令，則其國乃旱，陽氣復還，五穀無實。

行夏令，則國多火災，寒熱不節，民多瘧疾。

〔八月〕仲秋行春令，則秋雨不降，草木生榮，國乃有恐。

行夏令，則其國乃旱，蟄蟲不藏，五穀復生。

行冬令，則風災數起，收雷先行，草木蚤死。

〔九月〕季秋行夏令，則其國大水，冬藏殃敗，民多鼽嚏。

行冬令，則國多盜賊，邊竟不寧，土地分裂。

行春令，則煖氣來至，民氣解惰，師興不居。

〔十月〕孟冬行春令，則凍閉不密，地氣上泄，民多流亡。

行夏令，則國多暴風，方冬不寒，蟄蟲復出。

行秋令，則雪霜不時，小兵時起，土地侵削。

〔十一月〕仲冬行夏冬，則其國乃旱，氛霧冥冥，雷乃發聲。

行秋令，則天時雨汁，瓜瓠不成，國有大兵。

行春令，則蝗蟲爲敗，水泉咸竭，民多疥癘。

〔十二月〕季冬行秋令，則白露蚤降，介蟲爲妖，四鄙入保。

行春令，則胎夭多傷，國多固疾，命之曰逆。行夏令，則水潦敗國，時雪不降，冰凍消釋。

（一）漢劉景先生，（二）孔明，都是根據民間所傳而錄的。

二十四節氣陰陽曆對照表

四時	節氣	陽曆	陰曆
春	立春	二月初四初五	正月節
	雨水	二月十九二十	正月中
	驚蟄	三月初五初六	二月節
	春分	三月廿一廿二	二月中
	清明	四月初五初六	三月節
	穀雨	四月二十廿一	三月中
夏	立夏	五月初六初七	四月節
	小滿	五月廿一廿二	四月中
	芒種	六月初六初七	五月節
	夏至	六月廿一廿二	五月中
	小暑	七月初七初八	六月節
	大暑	七月廿三廿四	六月中
秋	立秋	八月初八初九	七月節
	處暑	八月廿三廿四	七月中
	白露	九月初八初九	八月節
	秋分	九月廿三廿四	八月中
	寒露	十月初八初九	九月節
	霜降	十月廿三廿四	九月中
冬	立冬	十一月初七初八	十月節
	小雪	十一月廿二廿三	十月中
	大雪	十二月初七初八	十一月節
	冬至	十二月廿二廿三	十一月中
	小寒	一月初六初七	十二月節
	大寒	一月二十廿一	十二月中

民國二十六年九月

民國二十六年九月